本书由海南省科技计划项目（No ZDYF2021GXJS037）资助出版

WOGUO LUJIA BIANYUANHAI BIAOCENG HAISHUI ZHONG YANGYABI HE QUNLUO JINGSHENGCHANLI DE SHIKONG FENBU JI YINGXIANG YINSU

我国陆架边缘海表层海水中氧氩比和群落净生产力的时空分布及影响因素

韩　玉　著

中国海洋大学出版社
·青岛·

图书在版编目（CIP）数据

我国陆架边缘海表层海水中氧氩比和群落净生产力的时空分布及影响因素 / 韩玉著. -- 青岛：中国海洋大学出版社，2024. 8. -- ISBN 978-7-5670-3954-4

Ⅰ. P734.2

中国国家版本馆 CIP 数据核字第 2024048KL3 号

我国陆架边缘海表层海水中氧氩比和群落净生产力的时空分布及影响因素

出版发行 中国海洋大学出版社
社　　址 青岛市香港东路 23 号　　**邮政编码** 266071
网　　址 http://pub.ouc.edu.cn
出 版 人 刘文菁
责任编辑 孟显丽
印　　制 日照日报印务中心
版　　次 2024 年 7 月第 1 版
印　　次 2024 年 7 月第 1 次印刷
成品尺寸 185 mm × 260 mm
印　　张 6
字　　数 119 千
印　　数 1~600
定　　价 78.00 元
审 图 号 GS 鲁（2025）0087 号
订购电话 0532-82032573（传真）

发现印装质量问题，请致电 0633-2298958，由印刷厂负责调换。

前　言

CO_2是大气中重要的温室气体。自工业革命以来，大气中CO_2浓度迅速增加。截至2019年，大气中CO_2的体积浓度已达到410×10^{-6}，比1750年增加了47%，目前仍以每年0.5%的速度增长[1]。大气中温室气体浓度的增加已引发了一系列气候、生态问题，直接威胁人类社会与经济的可持续发展。因此，了解各碳库的碳循环过程及其动态变化，通过物理、化学和生物反馈机制来认识碳循环与气候变化、生态系统、人类活动的相互作用与影响过程，对了解碳循环对大气CO_2浓度的调节作用，预测气候变化以及由此引起的后续响应等具有重要意义。

海洋碳循环是全球碳循环的重要环节，影响着大气CO_2的收支平衡。海洋对CO_2的吸收（或释放）受温度（溶解泵）、透光层中生物利用合成有机碳化合物并向深层海水的输送（生物泵）和海洋环流的影响，表现出较大的时空变化[2, 3]。海水中的溶解氧是海洋生命活动中不可缺少的物质，也是衡量海水环境质量、海–气扩散过程、水团混合、大洋环流以及海水中生物化学反应的重要指标[4]。海洋透光层中浮游植物的光合作用是产生有机物和O_2的主要过程，而有机质的降解和群落呼吸作用会消耗O_2，因此海洋碳循环通过光合作用和呼吸作用与O_2循环紧密联系在一起[4]。海洋透光层中自养生命有机体通过光合作用固定的有机碳的量减去自养呼吸所消耗的称为净初级生产力（NPP）。部分有机物质被原位的异养呼吸消耗，这部分净初级生产力和异养呼吸之间的差值被称为群落净生产力（NCP）[5]。NCP代表了从表层海水向深层海水输送的最大有机质量，是衡量生物活动对上层海洋碳循环影响的重要指标。然而，表层海水群落净生产力具有很大的时空差异性，考虑到其在全球碳循环中的作用和气候变化的敏感性，连续和准确测定群落净生产力是非常必要的，对认识全球碳循环和诊断可能的气候—碳反馈有重要作用[6]。

NCP可以通过多种方法来测定，如黑白瓶培养法、无机碳的季节性变化估算法、直接示踪颗粒碳的输出通量、O_2/Ar比值法、卫星遥感–拉格朗日颗粒物示踪法等。每种方法都能很好地帮我们认识上层海洋的C通量，但每种方法也都有自己的局限性[7]。近年来，O_2/Ar比值法将大气科学、海洋化学、环境科学及生态学紧密地联系在一起，必将是海洋科学研究的一个新的方向。该方法主要是应用膜进样质谱（MIMS）或顶空平衡进样质谱（EIMS）法同时测定表层海水中溶解O_2、Ar、CO_2等气体的浓度来反映生物过程对海洋表层二氧化碳分压（pCO_2）动力学的影响并提供表层海水群落净生产力的信息。尽管该方法刚刚开始得到应用，在技术上还不成熟，估算的NCP存在一定的误差，但在一定程度上为我们提供了NCP时间和空间上的分布变化特性。

本书较为系统地论述了膜进样质谱法连续走航测定海洋群落净生产力的原理、方法及在中国陆架边缘海应用研究结果。本书反映了近年来该领域最新发展和研究成果，内容系统全面，数据可靠，理论分析力求系统，注重理论和实际应用的紧密结合，可供海洋化学、海洋环境化学等领域的教育工作者及研究生阅读参考。

本书由海南省科技计划项目（No.ZDYF2021GXJS037）资助出版。本书的研究成果得到国家重点基础研究发展规划项目（973）“多重压力下近海生态系统可持续产出与适应性管理的科学基础”（No. 2011CB409802）、“南海陆坡生态系统动力学与生物资源的可持续利用”（No. 2014CB441502）和国家自然科学创新研究群体科学基金“海洋有机生物地球化学”（41221004）的资助。本书研究内容得到中国海洋大学张桂玲教授的详细指导，同时得到华东师范大学河口海岸学国家重点实验室、自然资源部第二海洋研究所、中国水产科学研究院黄海水产研究所、天津科技大学等单位的支持和帮助。谨此一并表示感谢！

由于作者学识水平有限，本书还存在一些不完善之处，敬请读者批评指正。

作者

2024年7月

目 录

1 绪 论

1.1 研究背景及意义

CO_2是大气中重要的温室气体。自工业革命以来，由于石油、煤等化石燃料的大量使用以及森林砍伐、土地使用不当等人为活动的影响，大气中CO_2浓度迅速增加，到2019年大气中CO_2的体积浓度已达到410×10^{-6}，比1750年增加了47%，并且仍以每年0.5%的速度增长[1]。大气中温室气体浓度的增加会带来全球变暖、海平面上升、海洋酸化等一系列问题，如在2011—2020年间，温室气体的排放使地表平均温度比1900年前升高了1.1℃；1901年到2018年，全球平均海平面上升了0.2 m；1750年以来海水的pH下降了0.1个单位[1]，这些变化已引发了一系列气候、生态问题，直接威胁人类社会与经济的可持续发展。因此，了解各碳库的碳循环过程及其动态变化，通过物理、化学和生物反馈机制来认识碳循环与气候变化、生态系统、人类活动的相互作用与影响过程，对了解碳循环对大气CO_2浓度的调节作用，预测气候变化以及由此引起的后续响应等具有重要意义。

海洋碳循环是地球气候系统的重要组成部分，其过程和平衡可调控全球气候变化，各国政府和科学界对海洋碳循环问题均十分重视。一方面，研究海洋生态系统碳循环规律、与气候系统的正负反馈关系以及未来的发展趋势能提升人类对未来气候和环境变迁的预测能力；另一方面，海洋是大气CO_2的汇区，因而也是寻求碳增汇（即碳吸收）新途径、扩大排碳权空间的必选区域。

海洋碳循环是全球碳循环的重要环节，影响着大气CO_2的收支平衡。海洋对CO_2的吸收（或释放）受温度（物理泵）、透光层中生物利用合成有机碳化合物并向深层海水的输送（生物泵）和海洋环流的影响，表现出较大的时空变化[2, 3]。物理泵是指大气中CO_2溶解到表层海水，通过物理混合作用，向深层海洋中扩散和传递的过程，除赤道大洋、南大洋、北太平洋等有上升流的海域之外，全球大部分海洋都表现为大气

CO_2的汇[8]。海洋约占地球表面积的71%，自工业革命以来海洋吸收了人类活动排放CO_2总量的1/3以上，基于目前获得的表层海水中的数据，全球海洋净吸收CO_2量约为2×10^{15} g · a^{-1}[8]，对缓解全球气温变化起到了重要作用。生物泵过程则与海洋生态系统密不可分，海洋真光层的浮游植物通过光合作用吸收CO_2，将其转化为有生命的POC，这些有机碳再经过食物链（网）逐级转移到大型动物，各级动物产生的粪团、蜕皮构成大量非生命POC并向下沉降。生活在不同水层的浮游动物，通过垂直洄游也促使有机物由表层向深层的转移。因此，真光层内光合作用吸收的CO_2就有一部分以POC形式离开真光层沉降到深海底，实现碳的埋藏。另一方面，光合作用产物的相当一部分是以可溶性有机物释放到海水中，各类生物的代谢活动也产生大量的溶解有机物。这些有机物中一部分将无机化进入再循环，其余的被异养微生物利用后通过微型食物网再进入主食物网，并有可能成为较大的沉降颗粒[9]。这个由有机物生产、消费、传递、沉降和分解等一系列生物学过程构成的碳从海洋表层到深层的转移，就称为生物泵。生物泵向深层海洋输送碳的量为（8~15）$\times 10^{15}$ g · a^{-1}。但不同区域海洋向深层海水输送有机碳的量相差很大[3, 10]。因此，了解生物泵和溶解泵的时空变化及其影响因素，对于估算海洋碳汇对未来海洋的潜在影响及预测地球气候系统变化的响应都有着重要的意义。

海水中的溶解氧是海洋生命活动不可缺少的物质，也是衡量海水环境质量、海–气扩散过程、水团混合、大洋环流以及海水中生物化学反应的重要指标[4]。海洋透光层中浮游植物的光合作用是产生有机物和O_2的主要过程，而有机质的降解和群落呼吸作用会消耗O_2，因此，海洋碳循环通过光合作用和呼吸作用与O_2循环紧密联系在一起[4]。表层海洋有机物质的生成取决于光照和营养物质的供应，而向深层海洋输送有机碳的量则取决于水柱中再矿化过程的效率。海洋透光层中自养生命有机体通过光合作用固定的有机碳的量减去自养呼吸所消耗的量称为净初级生产力（NPP）。部分有机物质被原位的异养呼吸消耗，这部分净初级生产力和异养呼吸之间的差值被称为群落净生产力（Net Community Production， NCP）[5]。在稳态条件及足够长的时间尺度内，NCP在数值上可以认为等同于输出生产力，即有机碳在透光层的通量。这种输出可以以直接下沉（颗粒有机物）、水平或垂直混合（溶解有机物）的方式输出，或者是伴随活跃的浮游动物的迁移及排泄输送到深层海水中[11]。NCP代表了从表层海水向深层海洋输送的最大有机质量，是衡量生物活动对表层海水碳循环影响的重要指标。然而表层海水群落净产生力具有很大的时空差异性，考虑到其在全球碳循环中的作用和气候变化的敏感性，以及对认识全球碳循环和诊断可能的气候–碳反馈中的重要作用[6]，需要进一步加强对群落净生产力的观测。

1.2 群落净生产力的主要测定方法

到目前为止，NCP可以通过几种方法来测定，如通过黑白瓶培养法、无机碳的季节性变化估算法、直接示踪颗粒碳的输出通量、O_2/Ar比值法、卫星遥感–拉格朗日颗粒物示踪法等。前面四种方法的依据通常是与生物活动有关的碳、营养盐或者是O_2浓度随时间变化来推算的，每种方法都能很好地帮我们认识上层海洋的碳通量，但每种方法也都有自己的局限性[12]。

1.2.1 黑白瓶培养法

黑白瓶培养法是估算海区生产力及群落净生产力常用的方法[13]。采集不同深度、不同光照水平的海水，装入100 mL玻璃瓶中后放在原位深度进行培养[13]。培养时取3组标定过的生化需氧量瓶（BOD瓶），每组4～6个平行样，其中一组用黑胶布包上以避光，称之为黑瓶，用硅胶管将海水缓慢引流到BOD瓶中，溢流水的体积是瓶中水样体积的2～3倍时，盖上盖子，用水封住口，防止空气流入而影响测量的结果。装完所有瓶后，初始瓶即刻用Winkler试剂固定，白瓶和黑瓶则在培养一定时间（一般为24 h）后固定。固定后静置一段时间用Winkler滴定法测定瓶中溶解氧的浓度和DIC浓度[13, 14]。群落呼吸速率（R）可以通过黑瓶和初始瓶中溶解氧的差值得出，GPP值通过培养后白瓶和黑瓶中溶解氧浓度的差值计算，NCP等于白瓶和初始瓶中平均溶解氧的差值[15–18]。若白瓶和黑瓶呼吸速率不同将会给GPP的估算带入一定的误差[16]。

1.2.2 无机碳的季节性变化估算法

传统的方法直接测定光合作用反应物或产物（DIC，DIN，DO）的季节性变化来估算净的无机碳沉降或者是有机物质的积累量[19–26]。这里表层海水中DO、DIN、DIC的累积变化是通过春季水华前和夏季中期水华后的浓度差值来计算的。通过光合作用的反应物和产物的季节变化（如DIC）来估算NCP的公式见式（1–1）[5]：

$$\mathrm{NCP} = (\mathrm{DIC}_{spring} - \mathrm{DIC}_{summer})/t \tag{1–1}$$

式中，DIC_{spring}和DIC_{summer}分别为春季和夏季的DIC浓度，t为两次测定相隔的天数。DIC浓度受一系列物理或化学过程的影响，如生物利用、海冰融化。这些过程都会降低DIC的浓度，给NCP的估算带入一定的误差。海冰融化对DIC浓度的影响可以通过盐度为35的DIC校正。河流输入、垂直混合、CO_2的海–气交换和有机物质的再矿化则会增大DIC的浓度，也会对NCP的估算带来一定的误差[27]。Bates等[28]报道，楚科奇海自大气中吸收CO_2的通量为5～10 mmol·m^{-2}·d^{-1}，会导致混合层中DIC增大5～10 μmol·kg^{-1}。Mathis等[29]报道，如果白令海DIC增大5～10 μmol·kg^{-1}，NCP会增大4～8 mmol·m^{-2}·d^{-1}，占总NCP的10%～20%。垂直混合会使底层高浓度的CO_2进入混合层，在100 d的时间尺度内，垂直混合对白令海混合层中DIC贡献约为3.6 μmol·kg^{-1}，NCP为0.7～1.25 mmol·m^{-2}·d^{-1}。春季到夏季层化的加强会减少深层海水中DIC向混合层中的输送量，在春季和夏季混合层中有机物质再矿化也会高估NCP的。大部分颗粒有机碳沉降后，被输送到深层海水中，而一些高度不稳定的溶解有机碳容易再矿化变为DIC，再次进入表层海水中，降低了DIC变化的信号。Mathis等[30]报道，在生产力较高的极地海区，只有一小部分NCP（10%）留在混合层中参与再矿化过程。

1.2.3 直接示踪颗粒碳的输出通量

颗粒物输出通量可以通过颗粒物丰度的测定、沉积物捕获器和海洋中放射性同位素的不平衡3种方法来直接测量[31]。颗粒物丰度即颗粒物的含量，它可以通过eoulter计数器计数[32, 33]或者多功能照相机等光学仪器照相[34, 35]并根据得到的图像来定量，然后再根据颗粒物组成与沉降速率来计算颗粒有机碳的输出通量。这类方法无需接触颗粒物样品，减小了采样过滤等前处理过程带来的误差。但实际研究中，不同颗粒物的组成及沉降速率变化很大，图像的精度通常有限，容易引起较大的误差。因此，该方法并没有得到广泛应用[31]。

沉积物捕获器通过单位时间单位面积上收集到的颗粒物来定量颗粒有机物的通量。这种方法被广泛用于大洋POC输出通量的测定，结果可靠、准确。Bishop等[36]首次用沉积物捕获器研究了赤道大西洋400 m水层颗粒物的化学、生物学特征和垂直通量。但在近岸陆架海区真光层中，这种方法会受到浮游动物游动的干扰从而限制颗粒物进入沉积物收集器中[37]、颗粒物收集后发生矿化或者降解会引起沉降通量的低估[38]以及水文动力学对捕获器收集效率[39, 40]的影响。该方法获得的真光层POC输出通量的准确性受到海洋学家的质疑[40, 41]。Buesseleretd[42]研制的中性浮子沉积物捕获器（Neutrally Buoyant Sediment Trap）有效地提高了捕获器的收集效率，解决了水动力对捕集器的干扰问题，可以用来测定上层海洋的POC输出通量。但是这种捕集器造价昂贵，很难进行大面积密集的布设，限制了这类沉积物捕集器的广泛应用[9, 31]。

海洋中的天然放射性同位素也是确定海洋POC输出通量的重要手段，目前应用最为广泛的是$^{234}Th/^{238}U$不平衡法。海水的^{234}Th是一种天然的放射性核素，主要由其母体元素^{238}U经α衰变产生，海水中的^{238}U半衰期为4.47×10^9 a，主要以溶解态的$UO_2(CO_3)_4^{3-}$的形式存在。它难以被颗粒物所吸附（50.1%的^{238}U以颗粒态形式存在），因而在大洋水中通常呈现保守性的分布[43]。与^{238}U不同，^{234}Th的半衰期为24.1 d，水体中的钍主要以水合态$Th(OH)_n^{(4-n)+}$的形式存在，具有非常强的颗粒活性。它极易吸附于颗粒物上而从溶解相中清除及迁出，从而造成$^{234}Th/^{238}U$的放射性不平衡。$^{234}Th/^{238}U$的不平衡程度可以反映颗粒清除程度、迁出过程的情况，再加上其合适的半衰期（24.1 d），正好用于研究上层海洋或是沿岸海区短时间尺度（如几个星期）或是季节性的过程变化，为海洋颗粒动力学的研究提供了极好的示踪剂[44, 45]。

沉积物捕获器和天然放射性同位素法测定颗粒物通量被广泛应用在透光层输出碳的研究上。但是这种方法忽略透光层中产生的DOC和悬浮的POC，而通常透光层中DOC占NCP的10%～30%，但在特殊情况下如水华时，DOC可占NCP的59%～70%[46]。Mathis等[27]报道，Barrow Canyon附近海域混合层中约有10%的NCP转化为DOC，约有15%的NCP转化为悬浮POC，64%的NCP以颗粒态的形式输出混合层；Mathis等[27]报道，楚科奇混合层中约有17%的NCP转化为DOC，约有19%的NCP转化为悬浮POC，64%的NCP以颗粒态的形式输出混合层。因此，用颗粒物通量代表NCP会造成严重低估。Hung等[47]报道，DOC的垂直通量占总有机碳通量的60%～95%。

1.2.4 O_2/Ar比值法

海水中有机质的降解和呼吸作用消耗溶解氧，浮游植物的光合作用是产生溶解氧的主要过程，海洋碳循环通过光合作用和呼吸作用与氧循环紧密联系在一起。在光合作用中，O_2和有机碳生成量具有一定的化学计量关系。因此，平衡时，O_2的量在一定程度上反映了有机碳的生成量[48]。在没有物理作用时，O_2浓度体现了光合作用和群落呼吸作用的差值，即群落净生产力。海水中的溶解氧浓度主要受物理过程（海–气交换、温度和压力改变、水平混合和垂直扩散等）和生物过程（光合作用和呼吸作用）控制[4]。惰性气体Ar在海洋中的分布主要受控于物理过程以及温度和盐度对其溶解度的影响。由于O_2和Ar具有相似的物理特性（如溶解度，对温度的响应以及扩散速率），通过O_2与Ar的归一化，即O_2/Ar比可以消除气泡注入、气体交换等物理过程对溶解氧的影响[49]。因此，O_2/Ar比偏离平衡值的量（$\Delta(O_2/Ar)$）可以作为生物过饱和O_2的测定指标，对生物活动有重要指示意义。

O_2/Ar比值的过饱和定义为$\Delta(O_2/Ar)$：

$$\Delta(O_2/Ar)=\left[\frac{([O_2]/[Ar])}{([O_2]/[Ar])_{eq}}-1\right] \tag{1-2}$$

$\Delta(O_2/Ar)$记录的是光合作用产生的O_2和群落呼吸作用消耗的氧气之差，称为生物氧过饱和度。[O_2]/[Ar]是实测的O_2/Ar比值，[O_2]/[Ar]$_{eq}$是与大气鼓泡平衡后海水中的O_2/Ar比值。研究表明，O_2受流速影响的波动可以通过Ar归一化消除80%[50, 51]，在较长的时间尺度内，O_2/Ar比的测定比其绝对值更容易获得好的精密度。因此，可以用Δ（O_2/Ar）比值用来指示生物过程产生氧的过饱和度[52, 53]。忽略混合层垂直混合和水平直交换，混合层生物氧净通量是群落净生产力和海-气交换的函数[48, 54-56]：

$$\mathrm{NCP} \approx k_{O_2} \times O_{2sat} \times \Delta(O_2/Ar) \times r_{C:O_2} \quad (1-3)$$

式中，k_{O_2}是气体交换速率，m·d^{-1}；O_{2sat}是在一定温度、盐度条件下平衡时O_2的浓度，μmol·L^{-1}。$r_{C:O_2}$是摩尔光合商[57]。

1.2.5 卫星遥感-拉格朗日颗粒物示踪法

1978年，美国航空航天局发射的Nimbus-7卫星上搭载了海岸带水色扫描仪，发展了一种利用海洋颜色数据评估海洋初级生产力的新方法。随着用传统方法测定的NCP数据的累积，发现不同海区NCP和GPP的比值在一定范围内。因此，先用卫星遥感数据估算NPP，然后根据区域内的NCP：GPP的比值，获得NCP的量[58]。这种方法只适用于NCP已经被广泛调查过的海域（如南大洋）。Jonsson[12]认为，海洋水色数据经常被云层中断，很难获得同一区域连续几天的海色数据，而且水团是在不断运动的，观察同一地点的连续数据不能反映水团生产力的演变。因此，他发展了一种卫星遥感-拉格朗日颗粒物示踪法来示踪水团，用遥感数据直接估算NCP_e。这里用下标e来与传统的NCP来区分，NCP_e不包括垂直混合导致的有机碳通量。

1.3 海洋中群落净生产力的研究进展

NCP是海洋碳循环重要的组成部分，代表了从表层海水向深层海水输送的最大有机质量，是衡量生物活动对上层海洋碳循环影响的重要指标，其在分布上具有较大的时空差异性。因此，开展海洋中NCP的研究是非常有意义的。国际上对海洋中NCP的研究已经有30多年的历史，海洋学家使用不同方法对世界许多大洋、近岸海区有机碳输出通量进行估算，对其分布特征及影响因素进行了广泛的研究，并取得了初步认识。早期NCP的测定主要是依据原位测定或者是瓶内培养过程中O_2浓度的变化，前者需要考虑海-气交换的影响。如Spitzer和Jenkins[59]报道了副热带大西洋百慕大群岛附近海域生物氧的净产生量为（4.3±1.7）mol·m^{-2}·a^{-1}。Emerson[60]用准稳态模型分析了北太平洋P站位1969—1979年间O_2的连续观测数据，给出该区域净的C输出量为100～300

mg·m^{-2}·d^{-1}。Emerson[61]报道了北太平洋P站位净C输出量为140 mg·m^{-2}·d^{-1}，占初级生产力的20%～30%。这种通过测定透光层中O_2的浓度和海–气交换量估算生物氧产生的量可以反映1～2周的生物氧平均速率。但是该方法无法区分由气泡导入等物理过程对生物氧产生量的干扰[62]。

早期黑白瓶培养法的应用主要受到培养时间以及氧气测定精密度不够高的限制，Williams[5]对该方法进行了改进，氧气的检测限为0.1～0.2 μmol·L^{-1}[63]，培养时间一般为24 h。但是不论培养时间多长，用这种方法获得的NCP都有很大的偏离，因为培养时瓶子里的环境无法与原位环境一致。Bender等[64]在赤道太平洋上升流海域的研究发现，用小瓶培养的方法获得的NCP是用漂流沉积物捕获器示踪方法获得结果的4～20倍。尽管如此，该方法能在一定程度上反映了混合层海水的群落净生产力，仍被广泛应用于海洋NCP的研究中。Robinson[16]报道，阿拉伯海整体上呈现异养状态，近岸NCP为（15±7）mmol·m^{-2}·d^{-1}，外海的NCP为（−253±32）mmol·m^{-2}·d^{-1}。Bender等[13]用黑白瓶培养法测定了1996年11月到1997年2月间罗斯海的NCP为56～108 mmol·m^{-2}·d^{-1}。王娜等[18]报道，2012年夏季南海北部和台湾海峡的NCP范围为−179.0～377.6 mmol·m^{-2}·d^{-1}。

用DIC浓度的季节变化来估算海区NCP最早由Williams建立的[5]，该方法是基于假设上混合层中NCP即生物活动是显著引起混合层DIC浓度变化的唯一因素。但海洋是一个复杂的过程，河流输入、CO_2海–气交换、垂直混合、海冰融化等因素都会影响混合层DIC浓度[29]。因此，该方法适用于水团比较稳定的海域，而对于近岸和有陆源输入的海区误差较大。因为在近岸海区控制DIC浓度的主要因素不是生物活动，而是淡水输入量[65]。Bates等[28]根据春季和夏季DIC的浓度差估算楚科奇海和波弗特海的NCP为15～25 mg·m^{-2}·d^{-1}。Mathis等[29]报道，白令海陆架中部和外侧的NCP为（28±9）mmol·m^{-2}·d^{-1}，并认为CO_2海–气交换使NCP低估约10%，垂直混合使NCP低估约3%。Cross等[66]报道，白令海东部海区NCP的分布有很大的时空差异性，北部沿岸海区2008和2009年NCP分别为（17.5±4）mmol·m^{-2}·d^{-1}和（−11.4±9）mmol·m^{-2}·d^{-1}，南部沿岸海区2008和2009年NCP分别为（23.7±7）mmol·m^{-2}·d^{-1}和（−7.8±13）mmol·m^{-2}·d^{-1}，中北部海区NCP分别为（36.7±11）mmol·m^{-2}·d^{-1}和（43.0±36）mmol·m^{-2}·d^{-1}，中南部海区NCP分别为（24.8±10）mmol·m^{-2}·d^{-1}和（52.3±32）mmol·m^{-2}·d^{-1}，南部外海海区2008和2009年NCP分别为（35.5±6）mmol·m^{-2}·d^{-1}和（54.4±16）mmol·m^{-2}·d^{-1}，2009年在北部近岸海区表现为异养，这主要是由于2009年河流输入流量较大，带入大量的活性有机碳，这些活性有机碳再矿化，生成DIC，导致估算结果显示为异养。

由原位测定氧气的量来计算NCP的方法无法区分由气泡导入等物理过程对生物氧产生量的干扰。Craig和Hayward[49]提出，由于O_2和Ar具有相似的物理特性（如溶解度，对温度的响应以及扩散速率），可以通过O_2与Ar的归一化，即O_2/Ar比来消除这些诸如气泡注入、气体交换等物理过程对溶解氧的影响。随后这种方法被用到海洋NCP的估算中，如Emerso[61]用O_2/Ar比值法估算了北太平洋NCP为13 mmol · m^{-2} · d^{-1}。Tortell[51]和Kaiser等[54]建立了用膜进样质谱（MIMS）实时、高频率、高精度的连续走航测定表层海水中的多种溶解气体的时空分布（包括CO_2、O_2和Ar、DMS等）。Cassar[55]建立了连续走航顶空平衡进样质谱法（EIMS）测定O_2/Ar比值，这两种方法通过实时测定O_2/Ar比值估算NCP。这两种方法直接测定O_2/Ar比值，避免了培养过程中样品处理带入的误差。DIC法是两个季节的浓度差，时间跨度长，影响因素复杂，而由O_2/Ar比值法估算的NCP可以代表一段时间内混合层中的平均值，因为O_2在混合层中的逗留时间为1～2周[67]，这种方法近年来被广泛应用到NCP的测定中。

目前国内有关NCP的研究较少，主要集中在POC通量的研究上，如陈建芳等[68]采用沉积物捕集器法测得南海表层输出生产力为10.32～12.93 g · m^{-2} · a^{-1}。陈敏等[69]用$^{234}Th/^{238}U$不平衡法对厦门湾塔角附近海域进行研究，结果表明：真光层POC的垂向输出通量为16.0 mmol · m^{-2} · d^{-1}，其中碎屑有机碳与活体有机碳贡献的数量分别为13.3 mmol · m^{-2} · d^{-1}和2.7 mmol · m^{-2} · d^{-1}。何建华等[70]运用$^{234}Th/^{238}U$不平衡法结合两种不同的模型，估算南大洋普利兹湾POC由真光层底部输出通量为104.7 mmol · m^{-2} · d^{-1}和120.6 mmol · m^{-2} · d^{-1}。Chen等[71]用$^{234}Th/^{238}U$不平衡法获得南海北部陆架和斜坡区的POC通量为5.3～26.6 mmol · m^{-2} · d^{-1}。尹明端等[45]估算南沙海域颗粒物有机碳输出通量为8.51～34.94 mmol · m^{-2} · d^{-1}。Ma等[72]用$^{234}Th/^{238}U$不平衡法估算南海中部海域颗粒物有机碳输出通量为9.4～14.78 mmol · m^{-2} · d^{-1}。Ma等[73]用$^{234}Th/^{238}U$不平衡法估算南海西北部海域颗粒物有机碳输出通量为8.2～20 mmol · m^{-2} · d^{-1}，平均值为16 mmol · m^{-2} · d^{-1}。毕倩倩等[74]基于$^{234}Th/^{238}U$不平衡法估算东海陆架坡春季POC从真光层输出通量的范围为4.14～14.7 mmol · m^{-2} · d^{-1}，平均值为8.21 mmol · m^{-2} · d^{-1}。也有少量研究直接测定透光层NCP，如Chou等[75]根据一段时间内水体混合层中DIC的浓度变化估算南海北部群落净生产力−4.47 mmol · m^{-2} · d^{-1}。王娜等[18]采用黑白瓶方法测定了2012年夏季台湾海峡及南海北部NCP的变化范围为−179.0～377.6 mmol · m^{-2} · d^{-1}（中值为−40.4 mmol · m^{-2} · d^{-1}），其中琼东海域受上升流的影响呈现明显的自养状态，珠江口由于珠江冲淡水的流入，也呈现自养状态，而台湾海峡近岸以及粤东近岸均为异养区域。表1−1给出了世界不同海域NCP，这些数值是通过不同方法测得的结果，存在较大的时空差异性，还不足以给出全球海洋NCP分布图。

表1-1　文献报道世界不同海域混合层NCP

		海域	采样时间	NCP（mmol·m^{-2}·d^{-1}）	参考文献
大洋区		North Pacific Station ALOHA	2001-05—2002-05（年均）	22.47±4.11[a]	[76]
		Western subarctic North Pacific	winter to spring，1996—2000	0 ~ 13[c]	[77]
		South Pacific Gyre	2008-10-12	70.5±40.3[b]	[78]
		Southern Ocean	summer，1999—2004	2 ~ 37[d]	[48]
		Western equatorial Pacific	2006-08-09	4.2±0.6[d]	[79]
陆缘区	陆架陆坡区	Arabian Sea inshore	1994-08-23—10-05	15±7[a]	[16]
		Arabian Sea offshore		−253±32[a]	
		West Antarctica Peninsula	2008-01	−2.1 ~ 54.3[d]	[80]
		Gulf of Alaska	2010-05		[81]
		Alaska Gyre	2010-05	17.7±4.5[d]	[81]
		Transition zone	2010-05	79.2±13[d]	[81]
		Coastal region	2010-05	27.3±4.8[d]	[81]
		Ross Sea	2010-05	71.67~81.67[a]	[23]
		Amundsen Sea	1997-01	56~108[a]	[13]
			2011-01	85±56.43[d]	[82]
			2012-02	16.42±10[d]	[82]
		Norwegian and Greenland Seas	2010-06	117.14±45.71[a]	[83]
		Bering Sea	spring-summer，2008	28±9[c]	[29]
		Chukchi and Beaufort Seas	2002-06-07	~ 1.25 ~ 2.08[c]	[28]
		Gulf of maine	2004—2006	3.33 ~ 41.67[c]	[12]
		东海陆坡		4.14 ~ 14.7[b]	[74]
		South China Sea			
		Northern SCS	2002-03，2004-11	−1 ~ 47[c]	[75]

（续表）

		海域	采样时间	NCP（mmol·m^{-2}·d^{-1}）	参考文献
陆缘区	陆架陆坡区	Northern SCS	2012-07-08	$-179.0 \sim 377.6^{a}$	[18]
		Shelf and sloperegions of SCS	2000-07，2001-05，2002-11	$5.3 \sim 26.6^{b}$	[84]
		Central SCS	spring，2002	$9.4 \sim 14.78^{b}$	[72]
		Northern SCS	April，2007	$8.2 \sim 20.0^{b}$	[73]

注：a. 黑白瓶培养法；b. 直接示踪颗粒碳的输出通量；c. 无机碳的季节性变化估算法；d. O_2/Ar比值法；e. 卫星遥感-拉格朗日颗粒物示踪法。

1.4 基于O_2/Ar比值法估算NCP的研究进展

早期研究中主要通过气相色谱法进行单个样品O_2/Ar比值的测定。Gamo和Horibe[85]建立了一种用超声波探测器和5A分子筛测定Ar和O_2的分析系统，分析时间为16 min，Ar和O_2的精确度分别为0.3%和0.2%。Tanaka[86]基于Gamo and Horibe[85]的方法，通过添加吹扫捕集柱对样品进行富集，然后用冷浴装置去除干扰，同时测定海水中的Ar和O_2，测量精度也明显提高，分别为0.05%和0.02%。但这些方法都需要比较复杂的样品前处理过程，样品分析时间长，测定大批量样品存在很大的困难。

近年来，质谱法被应用于测定大洋中O_2/Ar，如Emerson等[61]用水-气平衡的样品瓶，结合质谱同时测定Ar和O_2，这种质谱方法获得的O_2/Ar精密度为0.05%。Huang等[80]在南大洋西南部半岛地区采集离散样品测定O_2/Ar比值并计算该区域NCP范围为$-3 \sim 76$ mmol·m^{-2}·d^{-1}。虽然这种方法精确度很高（0.35%），但是样品不能在海上实时测定，采集离散样品限制了空间的取样密度[48, 87]。

膜进样质谱（MIMS）在海洋科学领域的应用解决了这些问题。该方法的基本原理是液体中的溶解气体通过一个半透膜扩散进入质谱仪真空分析室，经过离子化，由质谱仪检测器按照离子质核比分离和检测，得出气体组成和含量信息[51]。MIMS在海洋学上的应用早期主要是测定近岸海水或沉积物离散样品中的溶解气体（CO_2、O_2、N_2、Ar）[50, 88, 89]。Tortell等[51]首次建立了用MIMS实时、高频率、高精度的连续走航测定表层海水中的多种溶解气体的时空分布（包括CO_2、O_2、Ar、DMS等），随后这种方法被广泛应用于海水中溶解气体的测定。Nemcek等[90]调查了不列颠哥伦比亚近岸海域表层海水中pCO_2和O_2/Ar分布，发现pCO_2和O_2/Ar呈明显的斑块状分布，过饱和和不饱和水域交替分布，并且O_2/Ar的分布与叶绿素呈较好的正相关，和pCO_2呈较好的负相关，说明生物过程对海水中溶解气体的分布有很大的影响。Tortell[91]利用质谱实时在线测定了春季南大洋水华期间生源气体的时空变化，发现表层海水中溶解O_2/Ar和pCO_2在数天到数星期的时间尺度上和千米以内的空间尺度上有明显的变化，表明物理过程和生物过程紧密联系，控制着南大洋的气体分布。Tortell[92]报道了南极洲阿蒙森海冰窟和海冰区的pCO_2和$\Delta(O_2/Ar)$，在调查区域内表层海水中溶解气体浓度有很大的时空差异性，并且水温参数和浮游生物量呈很大的梯度分布。通过离散的和连续的测定O_2/Ar比值还可以估算群落净生产力[2, 48, 54, 56, 92, 93]。Kaiser等[54]用MIMS连续走航测定东赤道太平洋海域O_2/Ar比值，估算了该海域群落净生产力，结果显示在2.75°N以北海域，群落净生产力接近0，而在6.75°S以南，群落净生产力约为12 mmol · m^2 · d^{-1}。Guéguen等[2]用MIMS高频率、实时测定了南大洋中pCO_2和由生物过程引起的O_2饱和度（$\Delta(O_2/Ar)$）在小尺度上的变化。结果表明，65°S以北的几个主要的热量锋面会影响CO_2的浓度，同时生物因素也可以引起CO_2分布的多样性。与之相反，在罗斯海的涡流区pCO_2分布的时空差异性主要是由于生物对CO_2的利用引起的，温度对其影响很小。Tortell等[93]报道了2005年12月到2006年1月罗斯海冰窟的表层海水中净生物氧通量为（52.2±58.3）mmol · m^{-2} · d^{-1}。在这期间，浮游植物爆发式增长，pCO_2、$\Delta(O_2/Ar)$和Chl *a*之间呈较好的线性相关，这说明生物过程对这些溶解气体的分布有很大的影响。Castro-Morales等[94]用MIMS测定了别林斯高晋海群落净生产力为−3 ~ 28 mmol · m^{-2} · d^{-1}，不同海区群落净生产力表现了显著的时空差异性。Tortell等[95]示踪了南大洋近岸海区水华期间生物群落的发展变化，记录了由于群落迁移pCO_2和$\Delta(O_2/Ar)$在几小时或几天尺度上的变化，根据$\Delta(O_2/Ar)$估算水华期间的NCP为380 mmol · m^{-2} · d^{-1}，与用传统方法测得的结果基本一致（390 mmol · m^{-2} · d^{-1}）。

在MIMS的基础上，Cassar[55]建立了连续走航平衡进样质谱法（EIMS），这种方法首先将海水样品引入顶空平衡器，平衡后的顶空气体通过一个直径为0.05 mm、长2 m的硅石英管道进入质谱仪检测。Stanley等[79]用EIMS测定西赤道太平洋海区NCP为（5.9±0.9）mmol · m^{-2} · d^{-1}［相当于（1.5±0.2）mol · m^{-2} · a^{-1}］，巴布亚新几内亚附近海区的NCP为（4.8±0.6）mmol · m^{-2} · d^{-1}［相当于（1.2±0.2） mol · m^{-2} · a^{-1}］。Cassar等[56]调查了亚南极区和极地锋区NCP为43 mmol · m^{-2} · d^{-1}，与Reuer等[48]用离散样品法在该区域测定的结果基本一致（50 mmol · m^{-2} · d^{-1}），并认为铁和光照是该区域内群落净生产力的限制因素。Lockwood等[3]报道，北太平洋亚极地（45°—50°N）、北过渡带（40°—45°N）、南过渡带（32°—40°N）以及亚热带（22°—32°N）海区的

NCP分别为（25.8±4.6）mmol・m^{-2}・d^{-1}、（17.1±4.4）mmol・m^{-2}・d^{-1}、（5.4±1.8）mmol・m^{-2}・d^{-1}和（8.1±2.1）mmol・m^{-2}・d^{-1}，是该区域内CO_2通量的6～8倍，并且NCP与Chl *a*、CO_2通量间有较好的相关性，表明了生物泵与CO_2泵之间较好的耦合性。Hahm等[82]报道，南极洲阿蒙森海冰间湖区2011年1月NCP为（119±79）mmol・O_2・m^{-1}・d^{-1}，2012年2月NCP为（23±14）mmol・m^{-2}・d^{-1}，并指出2011年NCP较高是由在初夏温度升高、光照强度加大导致了水华造成的。Ulfsbo等[96]在北冰洋调查发现，不同海区由于营养盐来源和光照不同，NCP也表现了较大的时空差异性，范围为−0.4～6 mol・m^{-2}（90 d内）。

总的来说，利用膜进样质谱法或顶空平衡质谱法连续走航测定O_2/Ar比值，在更高的空间分辨率和更大距离范围内提供生物过程产生氧的数据。但是，目前有关O_2/Ar比和群落净生产力的连续高频率观测还只集中在南大洋等少数海域，而这种方法在国内海洋研究领域的应用还处于起步阶段，主要是用膜进样质谱仪测定反硝化速率[97–100]。

通过MIMS或EIMS法同时测定表层海水中溶解O_2、Ar、CO_2等气体的浓度来反映生物过程对pCO_2动力学的影响并提供表层海水中群落净生产力的信息，对深入认识生物泵对海洋碳汇的影响有重要意义。O_2/Ar比值方法目前已经成为估算海洋透光层群落净生产力的主要方法。这种方法将大气科学、海洋化学、环境科学及生态学紧密联系在一起，必将是海洋科学研究的一个新方向。但是该方法刚刚开始应用，技术还不成熟，估算的NCP存在一定的误差，如在O_2/Ar中，假设Ar是饱和的，但实际的表层海水中Ar存在几个百分点的偏离[101]。$r_{C:O_2}$一般为1 mol C：1.4 mol O_2，不确定性为10%左右[57]。另一个最重要的误差来源于k_{O_2}的估算，k_{O_2}一般通过风速以及气体交换的一些参数来估算，有±30%的不确定性[48, 102]。在定义NCP时忽略垂直混合和水平输送，而实际上表层海水中Δ（O_2/Ar）是群落净生产力和垂直混合共同作用的结果。在某些区域一定的时间段内，表层海水中O_2的浓度受垂直混合作用影响明显[103–105]，垂直混合可能给用O_2/Ar法估算NCP带来一定误差。

针对这些NCP估算过程中的不确定性，科学家建立许多方法来校正，以期减小估算误差。如测定表层海水氡的分布，减小气体交换速率k_{O_2}的不确定性[106, 107]，用该方法与加权平均值法[48]计算的气体交换速率k_{O_2}之间的根方差为40%[106]，这个值是过估的，因为它包括了风速的不确定性以及氡测定本身的误差。Jonsson等[12]定量了南大洋实测海–气界面生物氧通量和用Prognostic模型方法计算的混合层中NCP之间的差值。他发现当生物O_2通量小于10 mmol・m^{-2}・d^{-1}时，误差较大；用O_2/Ar比值法估算NCP的准确度跟混合层深度有关，当混合层深度小于30 m时NCP会高估10～15 mmol・m^{-2}・d^{-1}，当混合层深部大于40 m时，NCP会低估10～15 mmol・m^{-2}・d^{-1}。当

O_2/Ar比过饱和时，生物氧通量会低估NCP5%～15%，当O_2/Ar比不饱和时，生物氧通量会低估NCP20%～35%。Cassar等[101]提出了一个用氧化亚氮的分布来校正垂直混合方法，将O_2信号分解为原位产生的和垂直混合导致的，从而获得准确的$\Delta(O_2/Ar)$。

综上所述，NCP代表了从表层海水向深层海洋输送的最大有机质量，测定海洋混合层NCP对认识全球碳循环和预测全球气候变化趋势有重要作用。O_2/Ar比值法被广泛应用到NCP估算，尽管这种方法有一定的不确定性，但在一定程度上为我们提供了NCP时间和空间上的分布变化特性以及影响因素。

目前对海水混合层中NCP的分布情况进行了一定的调查，但是对影响其分布的生物、化学和物理因素还缺乏深入的了解，并且计算模型还存在一定误差，需要在以后的研究中进一步完善。对于NCP的调查研究主要集中在南大洋，研究海域覆盖范围较小、调查航次季节分布不均匀和NCP计算模型的不完善，还难以绘制全球群落净生产力分布图，因此在今后研究中，必须获取更大范围、不同季节、不同区域的NCP分布。

1.5 本书研究内容

本书基于膜进样质谱法（MIMS）建立了连续走航测定表层海水中的溶解O_2、Ar、CO_2、N_2等多种气体的方法，并对黄、东、南海进行了初步调查，获得我国陆架边缘海O_2/Ar比值的高分辨时空分布格局，结合温度、盐度、风速等参数初步估算了海洋群落净生产力，并探讨影响其分布的过程和调控机制，以认识生物泵对海洋碳汇的贡献。

2 海水中溶解气体的分析方法

2.1 仪器原理

膜进样质谱仪（MIMS，HPR 40，英国Hiden公司）是一种三次过滤的四级杆质谱仪，主要由以下几部分组成（图2-1）：真空系统（涡轮分子泵）、进样系统（隔膜探针取样或循环水取样器、快速隔离阀、手动隔离阀）、检测系统（配备了法拉第杯和二次电子倍增器，使用了半封闭离子源）、数据处理系统（RCI信号转换装置和电脑）。MIMS的基本原理是：海水中的溶解气体在高真空的作用下通过一个半透膜扩散进入质谱仪真空分析室，经过离子化，由质谱仪检测器按照离子质核比分离和检测，得出气体组成和含量信息。

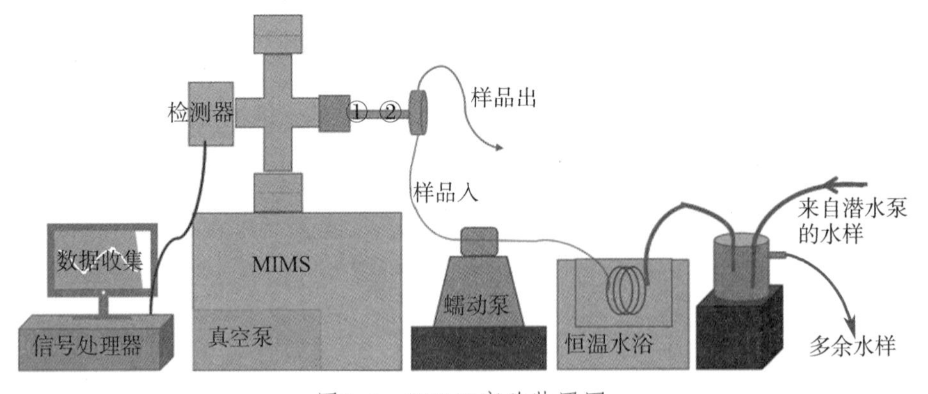

图2-1　MIMS实验装置图

图2-1中，①和②分别为快速隔离阀和手动隔离阀。快速隔离阀可以在取样探针和循环水取样器出现损坏或液体进入取样管路时，快速关闭，以防止液体进入真空分析室。在离子源中，双铱灯丝使用寿命较长，产生的电子束加速通过进来的气流产生了带正电荷的离子，经过四级杆检测器根据质核比不同分开检测。在半封闭离子源中，部分进入的气体待测组分在到达离子源前就被真空系统的泵抽走。这种气体的去

除限制了测定的潜在灵敏度（通过降低离子源的压力及离子化效率），但是也能使离子源的污染降到最低，增加仪器响应时间。HPR40操作温度为5℃～40℃，湿度范围20%～80%。测定时O_2、Ar、CO_2、N_2的浓度分别通过$m/z=32$、40、44、28处的信号强度获得，仪器在选择性离子监测模式下工作。在操作中，分析器每20 s在每个m/z设置中不断循环。检测器使用法拉第杯检测。所有气体的Dwell和设定时间settle times设为100 ms，离子化电流设为200 μA，外加电压840 V，MASsoft Pro 7操作软件自动对数据进行收集、显示，导出到Excel表格对数据进行分析。

2.2 海水中溶解气体走航连续观测系统的建立

基于以上原理，建立了用膜进样质谱仪同时测定O_2、Ar、N_2、和CO_2等多种气体的连续走航观测系统，其流程示意图见图2-2。将潜水泵固定在船上竖井底部抽取表层（水下约5 m）海水，分为四路。第一路水进入流通水槽，从水槽一侧距底部约5 cm处进水，从另一侧距上方约10 cm处流出，水槽内置有多参数水质仪（RBR 420，加拿大），进水口对准RBR的探头，测定温度、盐度。第二路流经特纳荧光计（Turner desigens，10-AU-005-CE，美国）测定叶绿素。航次前用叶绿素标准对仪器进行校准，走航过程中根据叶绿素值变化每天用0.45 μm的醋酸纤维膜过滤4～10个样品，冷冻，带回陆地实验室用荧光分光光度法（HITACHI F-4500）测定[108]，校正走航Turner荧光计数据。第三路海水首先进入一个分水池，流量2～3 L·min^{-1}，然后用蠕动泵从分水池中抽取海水样品（约220 mL·min^{-1}），经过一段置于水浴槽中约6 m的1/4英寸不锈钢管恒温后进入循环水样取样器测定海水中的溶解气体。余下的一路排出多余海水。

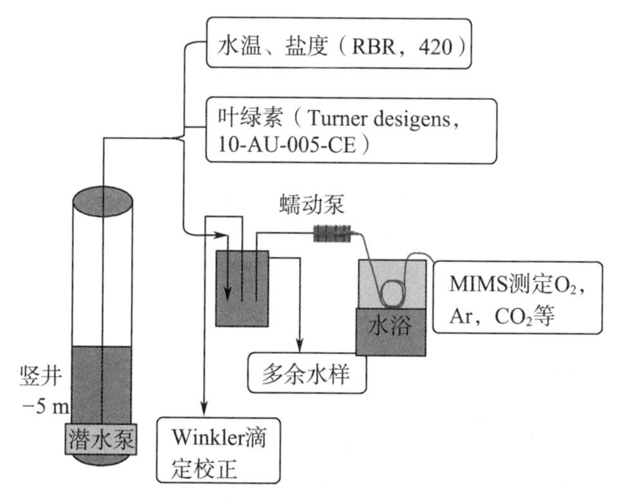

图2-2　连续走航观测系统流程示意图

2.3 测定条件选择及优化

本文主要考虑了以下几个因素膜的材质、平衡温度、蠕动泵、流速、水流稳定性、水蒸气等，以优化测定条件。

2.3.1 进样装置及膜材料选择

理论上来说，任何膜进样装置皆可，前期的研究多采用有孔的硅胶管作为膜的界面[50]。这种装置的优点是在膜表面能获得高且稳定的流速，但是由于穿过膜的信号直接正比于表面积，而反比于厚度，因此该装置相对小且厚的膜表面限制了其分析的灵敏度。本研究中，我们选用了循环水取样器，它的核心部件是一个大面积的硅树脂膜，该膜密封于有机玻璃循环水取样器（约30 cm^3）中。圆形膜的直径大约为3 cm（对应的表面积大约8 cm^2），厚度大约25 μm。质谱仪的真空管路直接连接到循环水取样器的底部，因此在膜两侧的巨大压力差驱使下水样中的气体渗透进入质谱仪中。为了使膜不被真空破坏，在膜下方有一个很密的不锈钢筛网支撑着。海水从下方液体进样口流入，从上边出水口流出（图2-3）。这种取样器与样品接触的膜的面积较大，大大提高了分析的灵敏度。

图2-3　膜进样质谱仪的循环取样器

文献报道中使用的膜材质主要有硅树脂[91]、特氟龙[54]和聚二甲基硅氧烷[2]，其中特氟龙膜对水蒸气和挥发性有机化合物的渗透性较差，而硅树脂膜和聚二甲基硅氧烷膜对水中的溶解气体、大气中的主要气体和低分子量的挥发性有机化合物都有很好的渗透性[109]，因此，本文选择使用硅树脂膜。

2.3.2 蠕动泵及其流速的选择

为提高分析的灵敏度，本文选择使用具有大面积膜的循环水取样器进样。但是大的膜面积也带来一些挑战，如循环水样取样器中小规模的湍动就可能导致信号的不稳定。因此，在通过蠕动泵进样时最重要的就是保持通过膜表面的液体流动的稳定性和适宜的流速。研究发现，使用普通的蠕动泵进样时，即使流速较低时，波动也可以显著影响膜表面的气体交换。因此，我们选择使用有一定脉冲角度相位差的双通道泵头（Cole-Parmer，07519-10）来获得高精度、大流量、低脉冲的液流，其原理见图2-4。

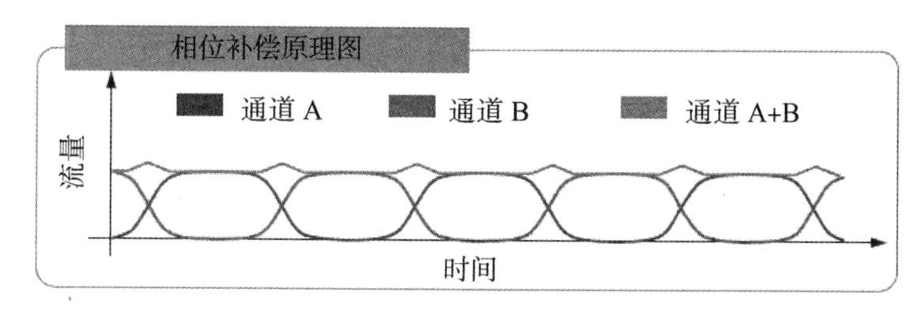

图2-4　蠕动泵头相位补偿原理

实验表明，通过膜的气体量随流速的增加而增大。这对难溶解气体如N_2、O_2和Ar是很重要的，对易溶解气体如CO_2也有一定的影响。图2-5给出了各气体信号值随流速增加的变化，可以看到流速从30 mL·min^{-1}增加到220 mL·min^{-1}，N_2、O_2、Ar的信号均增加了约50%，CO_2的信号增加了约20%。之后，随流速的增加信号值变化不大。Ar是一种生物惰性的气体，溶解性与O_2接近，N_2、O_2测定灵敏度受流速波动的影响可以通过把这些气体对Ar归一化而消除80%[51]，在流速从30～720 mL·min^{-1}的范围内获得的O_2/Ar和N_2/Ar比的标准偏差分别为5.8%和5.3%（图2-6），因此，测定O_2/Ar和N_2/Ar比值比，其绝对值更容易获得好的精密度。但是，Ar归一化不适用于校正流速波动对CO_2的影响，因为其溶解特性和对流速依赖度均与Ar不同。不过，CO_2对流通池中的流速和其他微小的物理变化（如气泡的引入）也不敏感，分析过程中由于流速波动（±5%泵速）引起的CO_2气体测定的误差小于1%。总体来说，使用低脉冲蠕动泵，在流速100～700 mL·min^{-1}范围内，利用膜进样质谱仪测定O_2/Ar、N_2/Ar、CO_2均可获得良好的长期稳定的信号（12 h内精密度小于3%），因此，航次中我们选择的流速约为220 mL·min^{-1}。

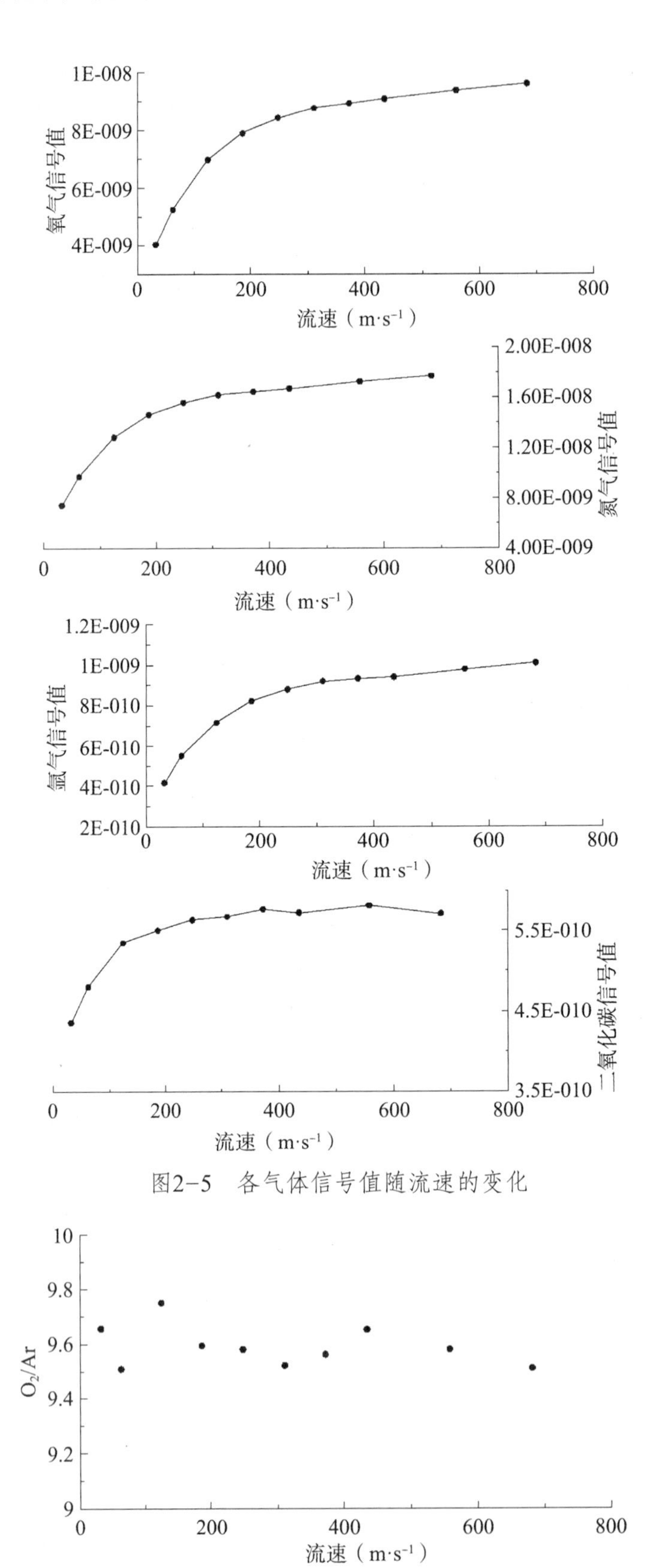

图2-5　各气体信号值随流速的变化

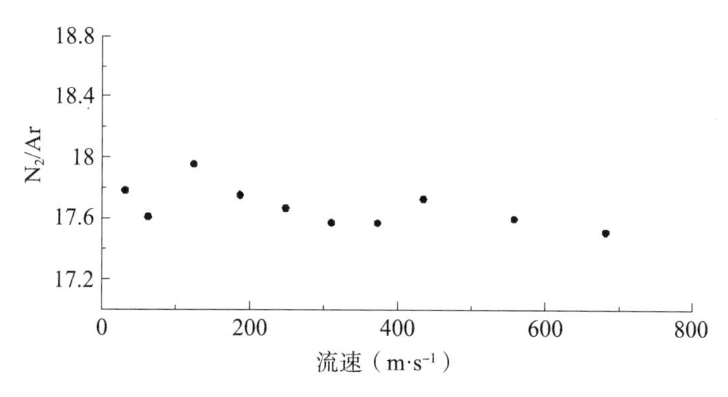

图2-6　O_2/Ar和N_2/Ar比值随流速的变化

2.3.3 平衡温度的影响

气体在半透膜上的扩散速率受温度的影响很大。为考察温度对测定信号的影响，取20 L海水用孔径为30 μm的膜过滤，在气温20℃下鼓泡48 h，与大气达到平衡，在不同的温度下测定了各气体的信号值，结果见图2-7。各气体信号值随温度的增加而增大，温度从15℃增大到23℃，O_2、Ar、N_2、CO_2的信号值分别增大了36%、33%、36%、40%，但在温度从15℃～23℃的范围内获得的O_2/Ar和N_2/Ar变化不大（图2-8），其标准偏差分别为9%和11.5%。因此，样品在进入半透膜之前需要在一定温度下保持恒温。为了避免由于温度和水蒸气压的变化导致脱气现象，通常恒温温度比现场海水温度约低2℃[54]。

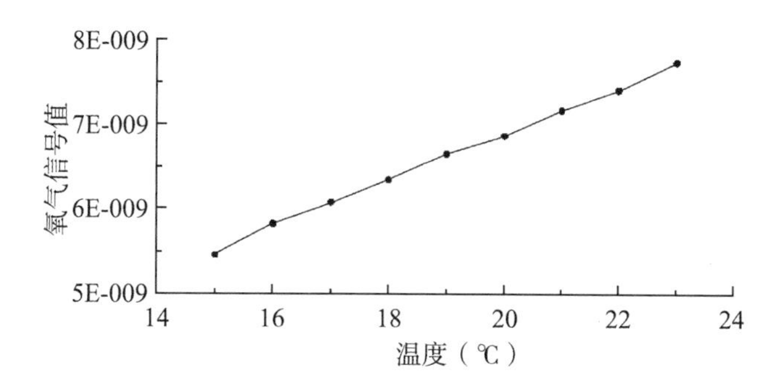

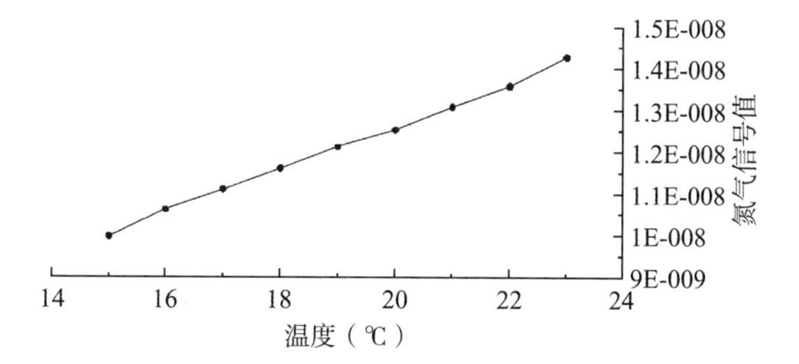

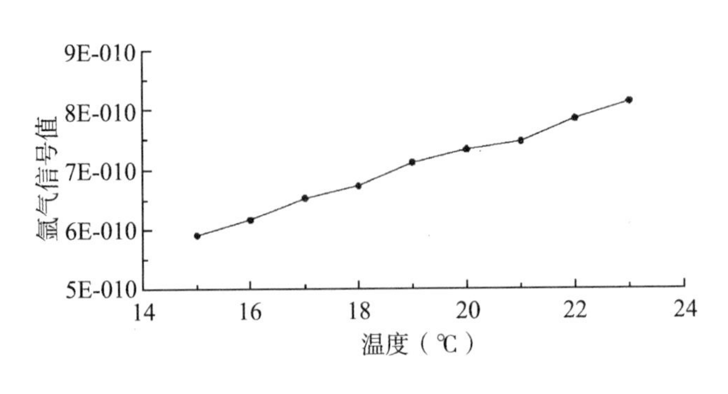

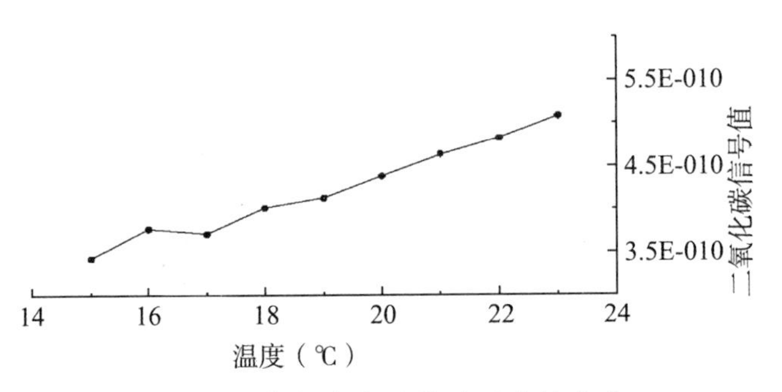

图2-7　各气体信号值随温度的变化

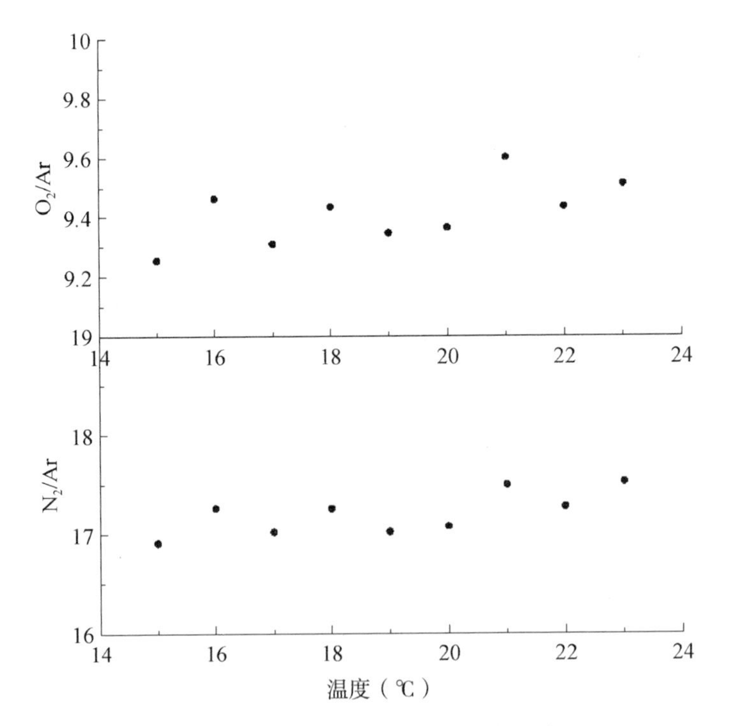

图2-8　O_2/Ar和N_2/Ar随平衡温度的变化

2.3.4 水蒸气及其他离子的干扰

本文使用的膜进样质谱仪的循环水取样器系采用Swagelock接头通过一根不锈钢短管（1/4-inch）直接连接到质谱仪上，因此膜层的整个内侧都暴露于高真空中。在通常的操作中，仪器在离子源压力为5.32×10^{-4} Pa下操作，会有一定量水蒸气进入真空管路中。据Tortell[51]报道真空管路中存在的水蒸气（可达总气体负载的50%）可显著降低其他气体的电离效率，同时在离子源中产生背景污染，如O_2和CO_2。但是由于真空管路中水蒸气的量在一定的温度范围内波动很小，这种背景信号在分析过程中相对稳定，相当于与空气平衡的水中O_2和CO_2信号的5%。如在m/z比为44和32处的背景信号通过使用氮气吹扫过的样品，在有除水冷阱和无除水冷阱的条件下分别测定，结果表明：m/z比为32处的背景信号对氧气含量较低的样品中影响较大。其他潜在离子干扰，如$m/z=44$的N_2O和$m/z=28$的CO，均小于主要离子（CO_2，N_2）信号的1%，因此，对测定结果不会有太大影响。当然如果需要得到超高的灵敏度和准确度，这些干扰也必须考虑。实验表明使用除水阱很难在较长的时间内获得稳定的信号值，因此，本系统中没有使用冷阱除水蒸气。

2.4 信号值校准

O_2/Ar数据同时使用两种方法校正：Winkler滴定法和用鼓泡平衡后的海水进行校正[51]。具体方法为：在走航过程中每隔3 h在分水池中取表层海水样品，用Winkler滴定法测定溶解氧[110]，同时记录下对应的O_2、Ar信号值。取1 L海水用0.45 μm的醋酸纤维膜过滤后，用空气泵鼓泡24 h以上，与大气达到平衡后，测定水样的O_2、Ar信号值，每天测定一次。利用MIMS获得的O_2/Ar数据与Winkler滴定法测得的O_2结果具有较好的相关性（图2-9），O_2/Ar校准曲线的离散可能源自于仪器响应值的日际变化，而同一天的O_2/Ar与Winkler滴定法测得的溶解氧结果的相关性要更好（r^2=0.98，n=7 ~ 10）。这表明MIMS作为一种海水中O_2测定技术是准确可靠的。

CO_2信号值采用与已知浓度的标准气体达平衡的海水样品校准。标准CO_2溶液通过用商业混合气体（含有200×10^{-6}、400×10^{-6}、800×10^{-6} CO_2）对已过滤海水（0.2 μm，醋酸纤维膜）在恒温下鼓泡48 h以上得到[51, 111]。用该方法获得的工作曲线具有较好线性和较好的重现性，半个月内进行了7次测定，结果的标准偏差小于5%（图2-10）。但是将其应用到实际的航次中，却还是存在问题，本研究中虽然对CO_2的校正方法进行了多次改进，但是用该方法计算得到的海水中的CO_2浓度结果普遍偏低，因此

本文中我们将CO_2的信号值取自然对数，以讨论其相对变化趋势。

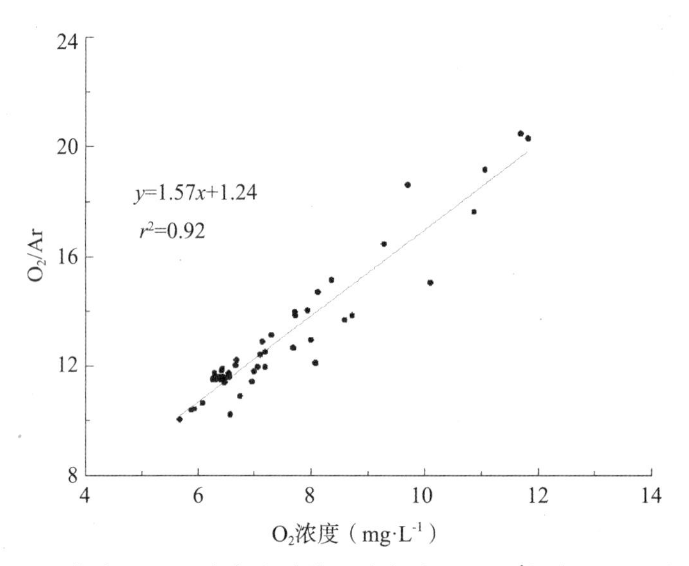

图2-9　同一航次Winkler滴定法测得O_2浓度（mg · L^{-1}）与O_2/Ar之间的关系

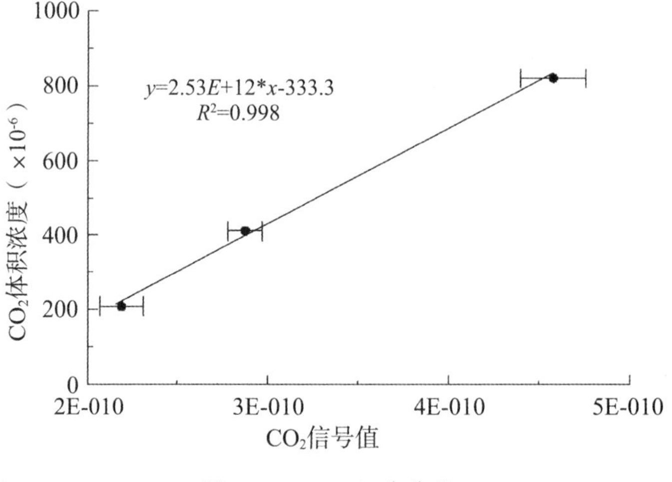

图2-10　CO_2工作曲线

为了评价利用MIMS测定海水中溶解气体方法的精密度，取30个平行海水样品利用本文建立的方法测定了其溶解O_2、Ar、N_2、CO_2等气体。结果表明，用MIMS测定O_2、Ar、N_2和CO_2的精密度分别为4.0%、4.2%、3.9%和1.8%，O_2/Ar、N_2/Ar的精密度分别为0.26%、0.38%。另外，取50 L海水，连续鼓泡48 h与大气达到平衡，连续测定3 h获得O_2、Ar、N_2和CO_2的精密度分别为0.7%、1.6%、0.7%和1.9%，O_2/Ar、N_2/Ar的精密度分别为1.5%、1.6%。本文结果与Tortell[51]报道的基本一致（用MIMS测定O_2/Ar、N_2/Ar

和CO_2的精密度分别为1.9%、0.7%和3.8%）。这个精密度要明显低于同位素比质谱仪获得的结果（0.05%）[61]，但是这种精密度水平足以检测许多生物过程驱动的海水中溶解气体含量的波动[51]。

2.5 小结

本研究参考了国外有关利用MIMS测定海水中溶解气体的方法，结合实验室现有条件，建立了切实可行的连续走航测定表层海水中O_2、Ar、N_2、CO_2等气体的方法，其精密度与文献报道的结果相当。

3 东、黄海O_2/Ar比值及群落净生产力的分布研究

陆架边缘海是一个复杂、活跃的体系，在碳的海洋生物地球化学循环中有着十分重要的作用。虽然陆架边缘海仅占全球海洋面积的7%，但却贡献了约30%海洋初级生产[112]，并且全球陆架边缘海的固碳速率、颗粒碳输出通量、CO_2海气交换通量等的分布都有很大的时空差异性。因此，估算陆架边缘海的群落净生产力，了解其主要影响因素对于研究全球碳循环以及其他生源活性物质都有重要的意义。

黄、东海位于我国大陆的东部，是太平洋西部的边缘海，也是世界上最宽广的陆架之一。黄海总面积约为3.8×10^5 km^2，平均水深44 m，最大水深140 m，海底地形平缓，是东亚大陆的延伸[113]。东海西北接黄海，以长江口北岸的启东角与韩国济州岛西南角的连线为界。东海面积约7.7×10^5 km^2，平均水深约370 m，最大水深为2 719 m，在台湾岛东北方向的冲绳海槽[113]。黄、东海海区主要受黄海沿岸流、黄海冷水团、黄海暖流、朝鲜沿岸流、黑潮、对马暖流、台湾暖流、东海沿岸流和长江冲淡水等的综合作用[114, 115]，水文条件十分复杂。

黄海的环流在冬季主要是由北上的黄海暖流（亦称“对马暖流西分支”）及其余脉组成；在夏季主要是由黄海冷水团环流及其沿岸流组成；此外，东海的台湾暖流和长江冲淡水也影响南黄海南部局部海域的水环境。黄海沿岸流是黄海沿岸流系的一个分支，是低盐水流，冬季兼具低温的特征，水色浑浊，最大流速可达25 cm · s^{-1}。黄海沿岸流沿着山东半岛北部东流，当绕过成山头后，沿着海州湾40 ~ 50 m等深线呈弧形南下，在长江口北转向东南，越过长江浅滩侵入东海。黄海暖流和黄海沿岸流流向终年比较稳定，流速有夏弱冬强的特点[116, 117]。

黄海水团主要包含黄海高盐水、黄海中央水团、黄海冷水团和沿岸水团。黄海高盐水，也称黄海暖流水，由黑潮表层水和爬上陆架的黑潮次表层水与陆架水混合而成，位于黄海东南部，冬季具有高温、高盐特征，夏季只存在于济州岛西部深底层局部海域，具有低温、低盐的特点。黄海中央水团面积最大，占黄海面积的80% ~ 90%，存在于黄海中部水下洼地，是由进入大陆架浅海的外海水和沿岸水混合形成的水团，具有中盐特征。温度随季节的变化而变化，冬季最低水温位于北黄海，可达

4℃～5℃。夏季存在于黄海上层和渤海海峡区域，水温为25℃左右。黄海冷水团是一个温差大、盐差小的水体，以低温为主要特征。该冷水团是冬季残留在海底洼地的黄海中央水团，春季是该水团的形成期，夏季为强盛期，秋季为衰减期，冬季为更新期。由于受到温跃层的保护，黄海冷水团是黄海所有水团中最稳定的水团。黄海冷水团以山东半岛成山角至朝鲜半岛长山串之间连线为界，分为南、北两个冷中心，其中北黄海冷水团中心位于北黄海中部偏西，水深大于50 m以内，位置较为稳定，最低温度为4.6℃～9.3℃；南黄海冷水团中心位置变化较大，大致位于35°30′ N—36°45′ N，124°E以西海域，最低温度为6.0℃～9.0℃[116, 117]。

东海的海流系统主要有沿岸流系和外海流系。沿岸流系主要包括东海西岸的中国沿岸流以及东岸的九州沿岸流。中国沿岸流是由苏北沿岸流、长江冲淡水和浙闽沿岸流组成。在浙闽沿岸流的外侧，终年存在一支由西南流向东北、具有高温高盐性质的海流，称为台湾暖流。台湾暖流的来源有两个：台湾海峡水和黑潮表层水，不同季节两个来源所占份额不同。在东海的东北部，有一支海流经九州以西的海域北上，然后转向东北流入日本海，因通过对马海峡而被称为对马暖流。对马暖流水的来源主要有三个：东海北部的混合水（即台湾暖流水、长江冲淡水和黄海沿岸水的混合体）、东海陆架混合水和九州西南海域的黑潮分支水。随着各水系的消长变化，对马暖流的来源组成也产生明显的季节差异。外海流系主要指黑潮及其分支。黑潮主流沿台湾东岸北上，自北太平洋进入东海，然后紧贴着陆架与陆坡的毗连区域，并经琉球群岛以西的冲绳海槽，再通过吐噶喇海峡，又从东海流入太平洋。进入东海后的黑潮水与东海陆架水相互作用，进行物质的交换和能量的转化，并通过海-气相互作用，影响我国甚至北半球的气候[116, 117]。

长江口外流系有台湾暖流、江浙沿岸流和苏北沿岸流。夏季台湾暖流增强，苏北沿岸流减弱，长江冲淡水在口门附近先顺汊道方向流向东南，约在东经122°30′ 右转向东北或东。冬季，台湾暖流减弱，苏北沿岸流增强，长江冲淡水沿岸南下，成为江浙沿岸流的主要组成部分。另外还存在一个重要的现象：夏季的长江冲淡水在其层化以后，常被长江口外的高盐水截成两段，亦即在外海的长江冲淡水与长江口处的淡水源之间有一高盐区相隔，或者在长江口外可观测上升流的存在，这可能是由台湾暖流的向北流动和冲淡水外泄时所形成的吸卷作用造成的[118]。

综上，黄、东海海区的水文条件复杂，且存在较大差异，不同海区群落净生产力的分布特征及其主要影响因素也不尽相同，有关黄、东海生产力的研究主要集中在初级生产力和颗粒有机碳上，结果存在较大的时空差异性和不确定性，而目前关于东、黄海群落净生产力的报道还较少。本章主要对东、黄海氧氩比的时空分布进行了研究，并初步估算了其群落净生产力。

3.1 材料与方法

2013年07月13日—8月2日，研究人员搭乘“东方红2”考察船对黄、东海进行了调查，调查区域及站位见图3-1。在该航次中共采集了53个站位不同层次的水样，现场测定了其中的溶解O_2、Ar等，其中包括了C、P、ME三个代表性断面。这三个代表性断面分别分布在黄海中部、长江口外侧和东海陆架中部。不同深度的单个样品采自Niskin采水器，用硅胶管将水样分装到1 L玻璃样品瓶中。先用海水润洗采样瓶几次，然后将硅胶管插入瓶底注入水样（注意避免产生气泡），待约瓶体积的一半水溢出后，缓慢抽出硅胶管，用磨口玻璃塞将样品瓶密封，不留任何气泡。采样后立刻在室温下利用膜进样质谱仪（HPR40，英国Hiden公司）进行测定（具体参见第二章），一般测定在1 h内完成。在这个过程中样品温度可能升高几度，但不会产生明显气泡或脱气。在分析过程中，使用蠕动泵以220 mL · min^{-1}的速度将海水从样品瓶底部抽入循环水取样器中。流出循环水取样器的液体进入废液管路中，以保证膜连续不断地接触到新鲜的海水样品。这种操作解决了在通常的静止采样过程中的气体消耗问题，但是可能会导致水样在抽离样品瓶时和瓶上方空气发生交换。然而每次测定相对稳定的信号强度表明，样品和空气的短暂接触没有明显改变样品的气体组成。每个单瓶样品分析大约需要5 min，在此期间能获得15 ~ 20个数据点，测定结果取其平均值。在航次中O_2/Ar信号值用鼓泡平衡后的海水校正[51]。具体如下：过滤1 L（0.45 μm玻璃纤维滤膜）海水，用空气泵鼓泡24 h以上与大气达到平衡，测定平衡后海水的O_2/Ar比值。现场温度、盐度等参数由CTD（Seabird 25、美国）同步获得。

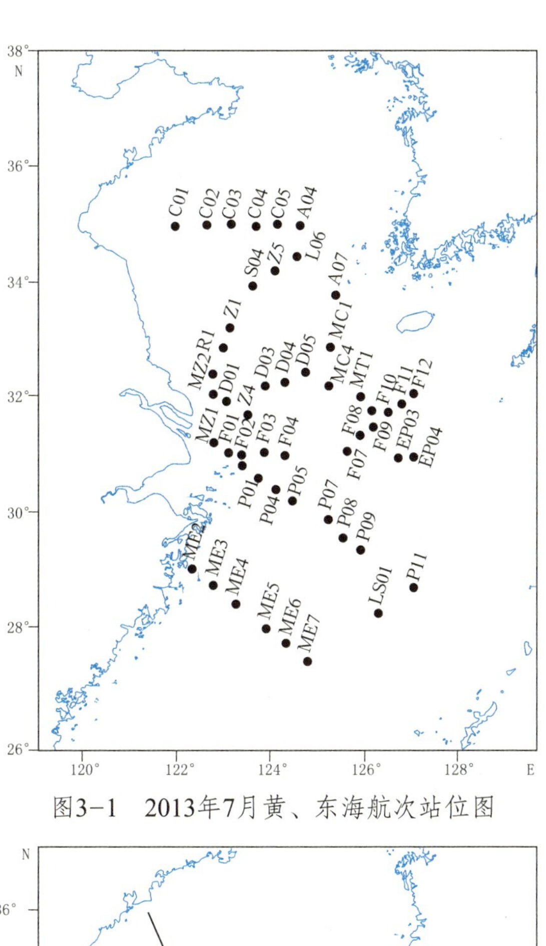

图3-1　2013年7月黄、东海航次站位图

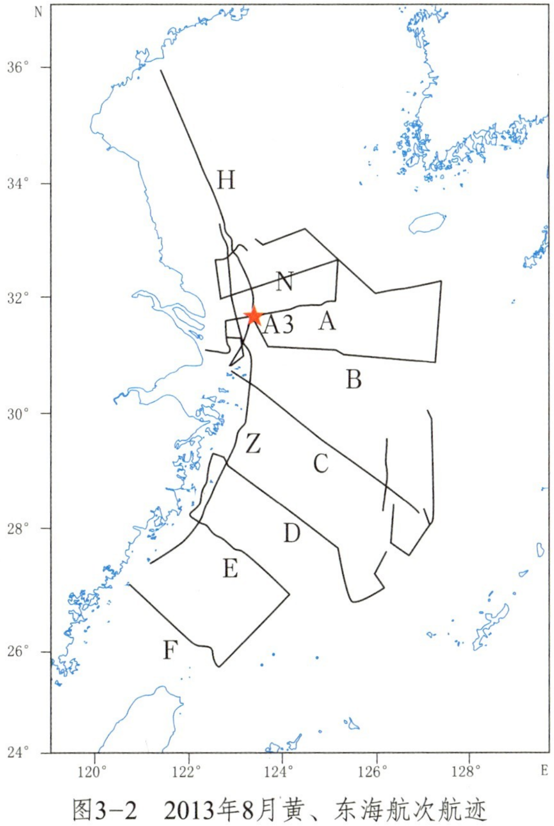

图3-2　2013年8月黄、东海航次航迹

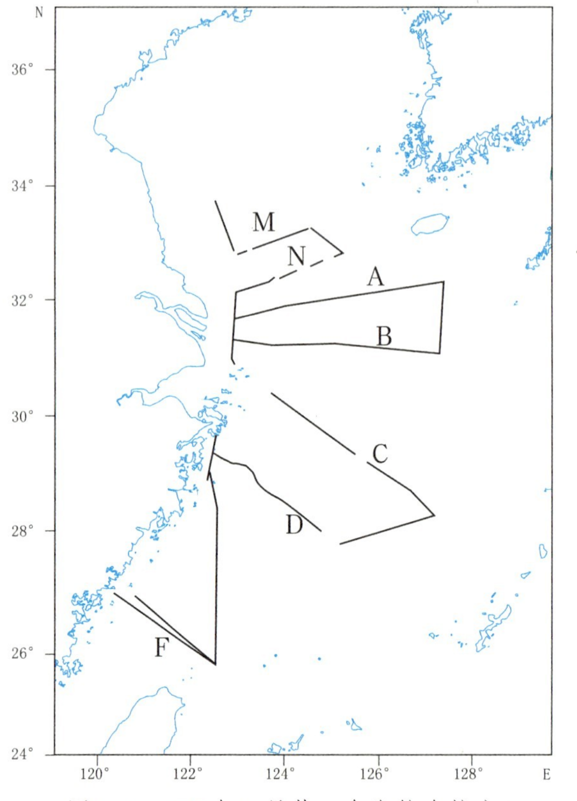

图3-3　2013年10月黄、东海航次航迹

笔者分别于2013年8月4日—8月31日搭乘“东方红2”和2013年10月10日—11月11日搭乘“北斗”号科学考察船对长江口及黄、东海陆架进行了调查，连续走航测定了表层海水中（约5 m）的O_2、Ar及CO_2等气体，同时走航测定了T、S及叶绿素等参数，调查区域及站位见图3-2和图3-3。

在走航测定中，走航系统的运行如前面2.2节所述，其中2013年8月航次在“东方红2”船上是将管路固定在船底，直接用自吸泵抽水（水下约5 m），抽上来的海水分为四路。第一路水进入流通水槽，水槽内置有RBR 420，进水口对准RBR的探头，测定温、盐（RBR 420，加拿大）。第二路水用以测叶绿素（Turner desigens，10-AU-005-CE），第三路水首先进入一个分水池，然后用蠕动泵从分水池中抽取海水样品（约220 $mL \cdot min^{-1}$），经过一段置于水浴槽中约6 m、1/4英寸的不锈钢管恒温后进入循环水样取样器测定。余下的一路多余的水排出。

2013年10月航次使用“北斗”船上的船载表层海水供应系统（水下4～5 m），分出水样后流程同上。海水分为3路。第一路水进入流通水槽，水槽内置有多参数水质仪（RBR 620，加拿大）测定温度、盐度和叶绿素。第二路海水首先进入一个分水池，然后用蠕动泵从分水池中抽取海水样品（约220 $mL \cdot min^{-1}$），经过一段置于恒温水浴槽中

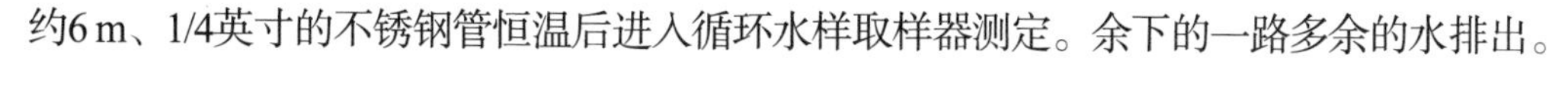
约6 m、1/4英寸的不锈钢管恒温后进入循环水样取样器测定。余下的一路多余的水排出。

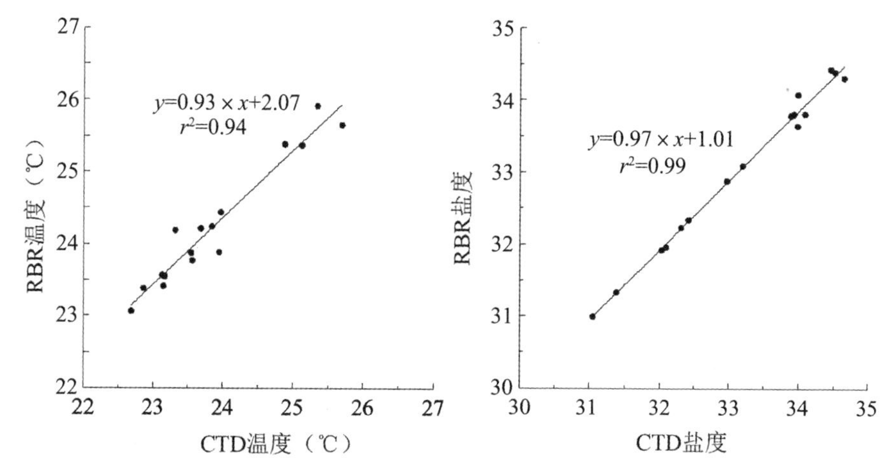

图3-4　2013年10月航次走航RBR与CTD获得的温度（℃）、盐度之间的关系

“北斗”号船上自带的表层海水供应系统，海水由置于底层机舱的水泵抽取后直接分为几路进入船上的海水供水系统。为避免走航测定温度、盐度时出现滞后现象，该航次中我们将使用的分水口流量放到最大，保证泵及管路中的水及时得到更新。图3-4为该航次部分站位走航时用RBR（水下4～5 m海水）测得与对应CTD（水下2～3 m）获得的温度、盐度之间的关系图。二者具有较好的线性关系，并且斜率接近于1，说明船上海水供应系统无明显的滞后性。另外，这些站位由RBR 620获得的温度比CTD获得的数据约高（0.35±0.19）℃，盐度低（0.10±0.09），这可能是由于海水经泵抽取后经一段置于机舱内的管路时发生了热交换造成的。

O_2信号值用Winkler滴定法及鼓泡平衡法校正[51]。在航次中每隔2～3 h在分水池中取溶解氧样品，用winkler滴定法测定，对O_2/Ar信号值校正。除此之外，过滤1 L（0.45 μm玻璃纤维滤膜）海水，用空气泵鼓泡24 h以上与大气达到平衡，并测定O_2/Ar比值进行校正。CO_2信号值用经CO_2标准气体（200×10^{-6}，400×10^{-6}，800×10^{-6}）鼓泡48 h以上达到平衡的海水样品做工作曲线校正（见2.4），但是在本文中虽然对CO_2的校正方法进行了多次改进，但是计算得到的海水中CO_2都偏低。因此，本文中，我们将CO_2的信号值取自然对数，仅讨论其变化趋势及与O_2/Ar比值的对应关系。航次前用叶绿素标准对Turner荧光计进行了校准，另外在走航观测过程中根据叶绿素值变化情况，每日自连续走航观测系统中采集4～10次表层海水样品，用0.45 μm玻璃纤维滤膜过滤水样后将膜冷冻带回陆地实验室，按海洋监测规范给出的方法测定[119]，以校正走航Turner荧光计数据。MIMS的采样频率为每分钟3～4个，8月份东海各参数变化幅度大，我们将所有数据进行处理，得到每分钟的平均值，10月份航次将所有数据进行处理，得到每5 min

的平均值，走航期间船速约为8节，每分钟大约对应的直线距离为250 m。2013年8月走航GPS及气象数据来自于船载气象站（Young、美国），2013年10月“北斗号”航次的走航GPS数据由自然资源部第二海洋研究所黄大吉老师提供，气体数据与其他水文参数的匹配是基于测定的时间。各断面不同深度的温度、盐度等参数由CTD（Seabird 911 plus，美国）同步获得。

3.2 群落净生产力的计算方法

惰性气体Ar在海洋中的分布主要受物理过程的影响，而O_2主要受物理过程和生物过程的影响，由于O_2和Ar具有相似的物理特性（如溶解度，对温度的响应以及扩散速率），通过O_2与Ar的归一化，O_2/Ar比可以消除诸如气泡注入、气体交换等物理过程对溶解氧的影响[49]。因此，O_2/Ar比偏离平衡值的量（$\Delta(O_2/Ar)$）可以作为生物过饱和O_2的测定指标，对生物活动有重要指示意义。

O_2/Ar比值的过饱和定义为$\Delta(O_2/Ar)$：

$$\Delta(O_2/Ar)=\left[\frac{([O_2]/[Ar])}{([O_2]/[Ar])_{eq}}-1\right] \quad (3-1)$$

其中，$\Delta(O_2/Ar)$记录的是光合作用产生的O_2和群落呼吸作用消耗的氧气之差，称为生物氧过饱和度。$[O_2]/[Ar]$是实测的O_2/Ar比值。$[O_2]/[Ar]_{eq}$是与大气鼓泡平衡后海水中的O_2/Ar比值。忽略混合层的垂直混合和水平交换，混合层生物氧净通量是群落净生产力和海-气交换的函数[48, 54-56]：

$$\mathrm{NCP}\ (\mathrm{mmol\cdot m^{-2}\cdot d^{-1}})\approx k_{O2}\times O_{2sat}\times\Delta(O_2/Ar)\times r_{C:O2} \quad (3-2)$$

其中，k_{O2}是气体交换速率，$m\cdot d^{-1}$，$O_{2,sat}$是在一定温盐条件下平衡时O_2的浓度，$\mu mol\cdot L^{-1}$。$r_{C:O2}$是摩尔光合商，通常为1.4[57]。

这里k_{O2}通过Wanninkhof公式计算的（$k=0.31\times u_{10}^2\times(Sc/660)^{-0.5}$）。其中，$Sc$为水的动力黏度与待测气体分子扩散速率之比，Wanninkhof公式给出了海水中O_2的Sc数与水温的关系式[102]：

$$Sc=1\,953.4-128\times t+3.991\,8\times t^2-0.050\,091\times t^3 \quad (3-3)$$

其中，t为表层海水温度，℃；u_{10}为水面上方10 m高度处的风速，$m\cdot s^{-1}$。由于船载自动气象站现场测得的风速数据受到船自身的摇晃及航行中避风等影响，导致不能获得全面的风速数据，分辨率也很低，因此文献中基本使用卫星风速数据[48, 5, 82]。本研究使用的是NCEP/NCAR再分析风速（http://www.cdc.noaa.gov.），每6 h有一个数据，处理为日平均风速。

每个采样站位生物氧的浓度取决于采样前一段时期内的O_2的产生速率和风速，由于每天的风速不同，在计算k时采用加权平均法来估算采样前不同天数内对气体交换的贡献[48]。定义样品采集当日混合层交换通量所占的份数为f_1（$f_1=k_1\times 1/Z_{mix}$，Z_{mix}为混合层深度），样品采集当日的权重ω_1为1，样品采集前一天混合层通量所占的份数为f_2，$f_2=k_2\times 1/Z_{mix}$，这个数值所占的权重比第一天有所降低，$\omega_2=\omega_1\times(1-f_1)$，采样前第$t$天所占的权重为$\omega_t=\omega_{(t-1)}\times(1-f_{(t-1)})$，气体交换速率每天的权重为$k_t\times\omega_t$，混合层气体交换速率为：

$$k=\frac{\sum_{t=1}^{60}k_t\omega_t}{(1-\omega_{60})\sum_{t=1}^{60}\omega_t} \tag{3-4}$$

本研究中，黄、东海海域夏季混合层深度较浅，计算的第二日的权重小于零，因此在计算O_2通量时采用当日的气体交换速率；而南海由于混合层较深，在计算O_2通量时使用加权平均法获得的气体交换速率。

3.3 2013年7月黄、东海O_2/Ar比值及群落净生产力的时空分布

3.3.1 各参数大面分布

图3-5为2013年7月东、黄海航次表、底层温度、盐度、O_2/Ar的分布。黄海表层海水温度范围为20.18℃～24.71℃，从北到南、从近岸到外海均呈逐渐升高的趋势。黄海中部表层海水温度呈气旋式分布，主要是由于该区域上层海水存在闭合式的密度环流，水体混合均匀。底层海水温度范围为8.03℃～21.65℃，整体上从北到南逐渐增大，从近岸到外海逐渐降低，在黄海中部有大片底层温度为8℃～12℃的低温海域，体现了黄海冷水团的特点，黄海冷水团水舌一直影响到济州岛西南部海域。黄海表层海水盐度（29.20～31.45）整体比东海陆架（29.27～33.77）低，从近岸到外海逐渐增大，长江冲淡水向东北部扩展影响到黄海南部，随后向东南部扩展。东海表层海水温度范围为20.11℃～28.86℃，低温海域主要分布在长江口，从北到南、从近岸到外海逐渐增大。底层海水温度范围为11.83℃～22.31℃，从近岸到外海逐渐降低。东海中部陆架表层盐度分布相对均匀（约为33），而在长江口偏北出现明显的低盐区，体现了长江冲淡水的影响。东海底层海水盐度受黄海冷水团和苏北沿岸流的影响从北到南呈现逐渐增大的趋势，中部陆架盐度分布相对均匀，在杭州湾外部存在北上的高盐水舌。

在长江口低温海区，盐度较高，这主要是由于台湾暖流逆坡行进在长江口外侧形成上升流。在整个调查航次期间，过滤后鼓泡与大气平衡后的海水样品的O_2/Ar比值的范围为11.0～11.8，实测表层海水中O_2/Ar比值的范围为5.2～15.6，表层海水O_2/Ar比值整体上从近岸到外海逐渐降低。低值区分布在长江口外侧，主要是由于上升流带入底层低氧海水，低值区外由于长江冲淡水以及上升流带入大量营养盐，浮游植物生长茂盛，O_2/Ar比值迅速增大，其他海区O_2/Ar相对较低，略高于与大气平衡时的值。底层海水O_2/Ar比值的范围为3.8～9.9，明显低于表层，表明调查期间底层海水存在明显的氧亏损，尤其是在长江口外侧出现大面积的低值区，自此低值区向两侧O_2/Ar比值逐渐增大。

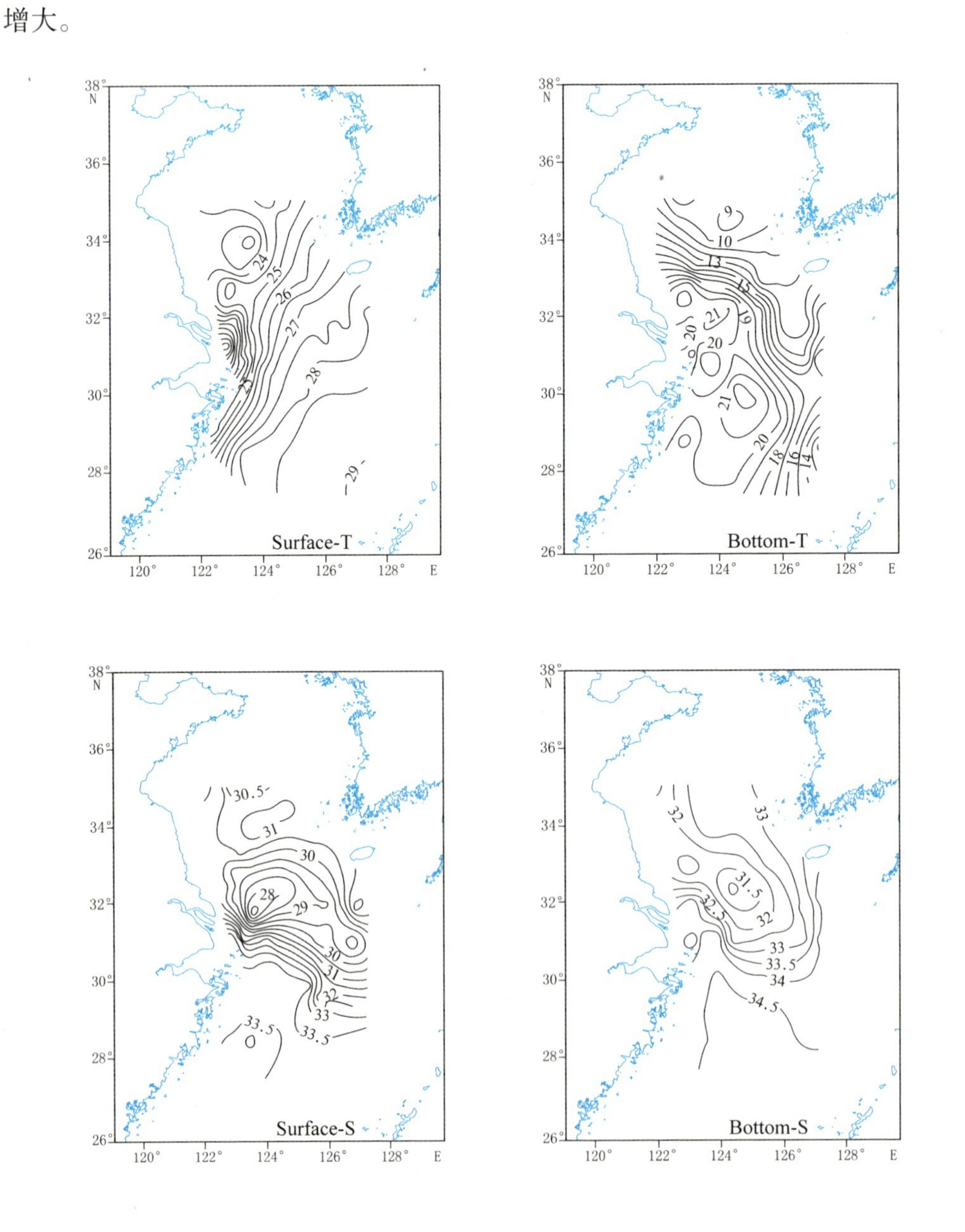

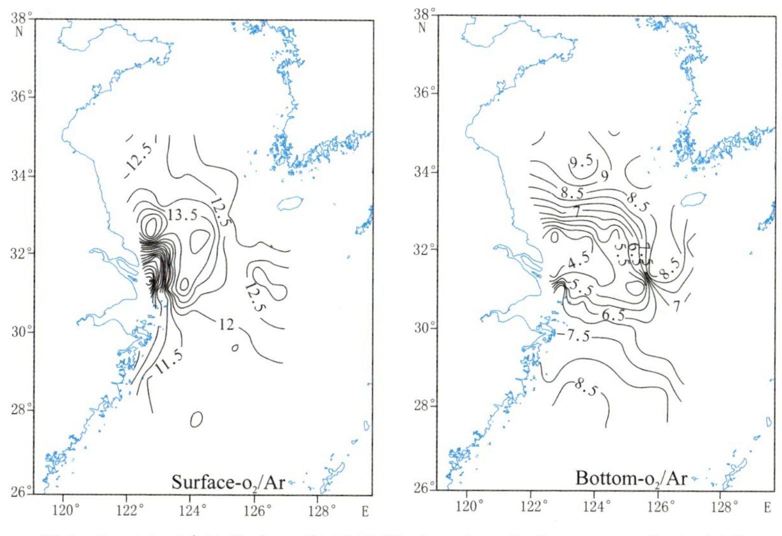

图3-5　2013年7月表、底层温度（℃）、盐度、O_2/Ar的分布图

3.3.2 各参数断面分布

笔者选择了分别位于黄海中部、长江口和东海中陆架的C、P和ME三个断面，观测其T、S和O_2/Ar的垂直分布，如图3-6所示。夏季东、黄海水体层化显著，各断面基本水文特征是：温度自表到底逐渐降低，盐度自表到底逐渐升高，其中C断面在20～30 m之间出现跃层，跃层以下水温较低（t<10℃），体现了黄海冷水团的特性，O_2/Ar比值也从表层到底层逐渐降低，表层O_2/Ar比处于轻微过饱和状态，并且存在次表层最大的现象。在P断面长江口外侧（P01到P04之间）和ME断面浙闽沿岸（ME1到ME4之间），均出现了温度、盐度等值线的抬升，表明这些海域存在上升流。受上升流的影响在两断面西侧O_2/Ar比值等值线均出现抬升，等值线较密集，O_2/Ar比值较低。P和ME断面其他部分各参数从表层到底层均匀变化，没有明显的跃层存在，O_2/Ar比值自表到底逐渐降低。

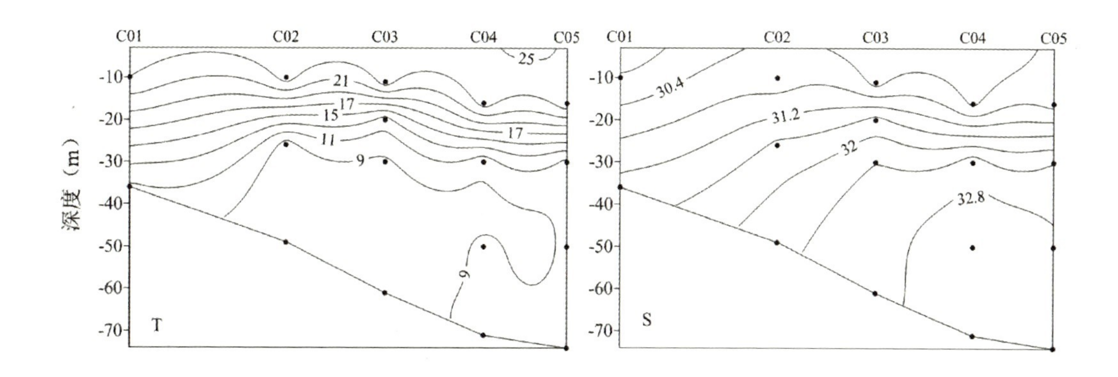

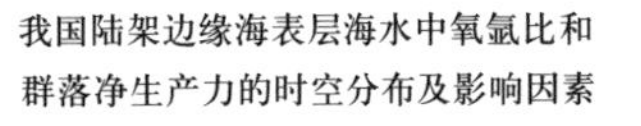

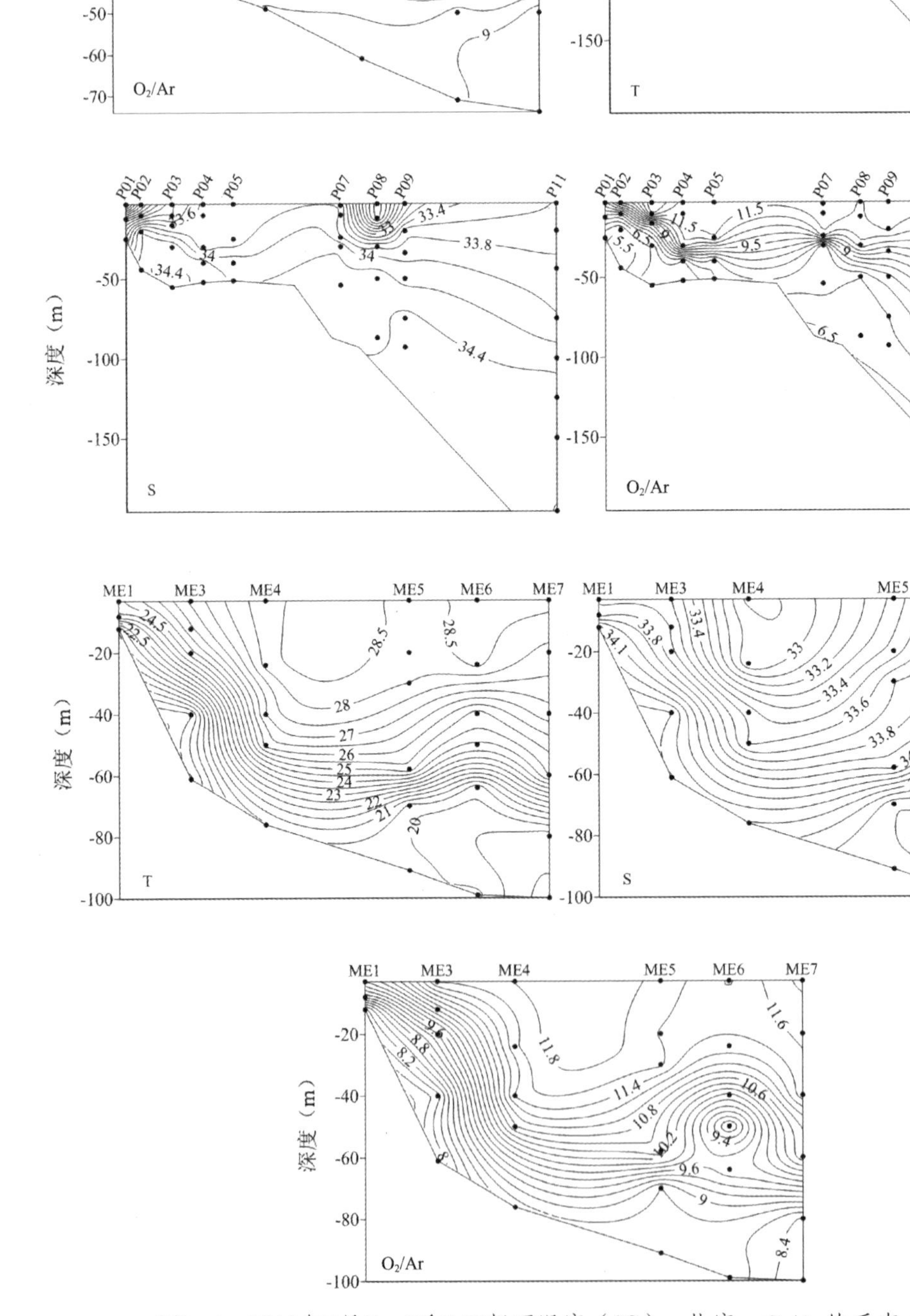

图3-6　2013年7月C、P和ME断面温度（℃）、盐度、O_2/Ar的垂直分布

3.3.3 ME-3连续站各参数周日变化

为认识东海水体中各参数的周日变化，在东海陆架中部的ME-3站开展了连续18 h的观测。温度、盐度和O_2/Ar比值的周日变化见图3-7。连续站自中午13：00开始，到第次日7：00结束，每隔3 h采样一次。观测期间水柱中的温度、盐度相对变化不大。温度从表层到底层逐渐降低，盐度从表层到底层逐渐增大，20 m以下深海水结构相对比较稳定，温度、盐度均无明显变化。受涨潮的影响，22：00以后10 m以下浅表层海水的温度、盐度略有升高。而随着下午光合作用减弱，水柱中的O_2/Ar比值有所降低，显示了水体中氧气的消耗情况。

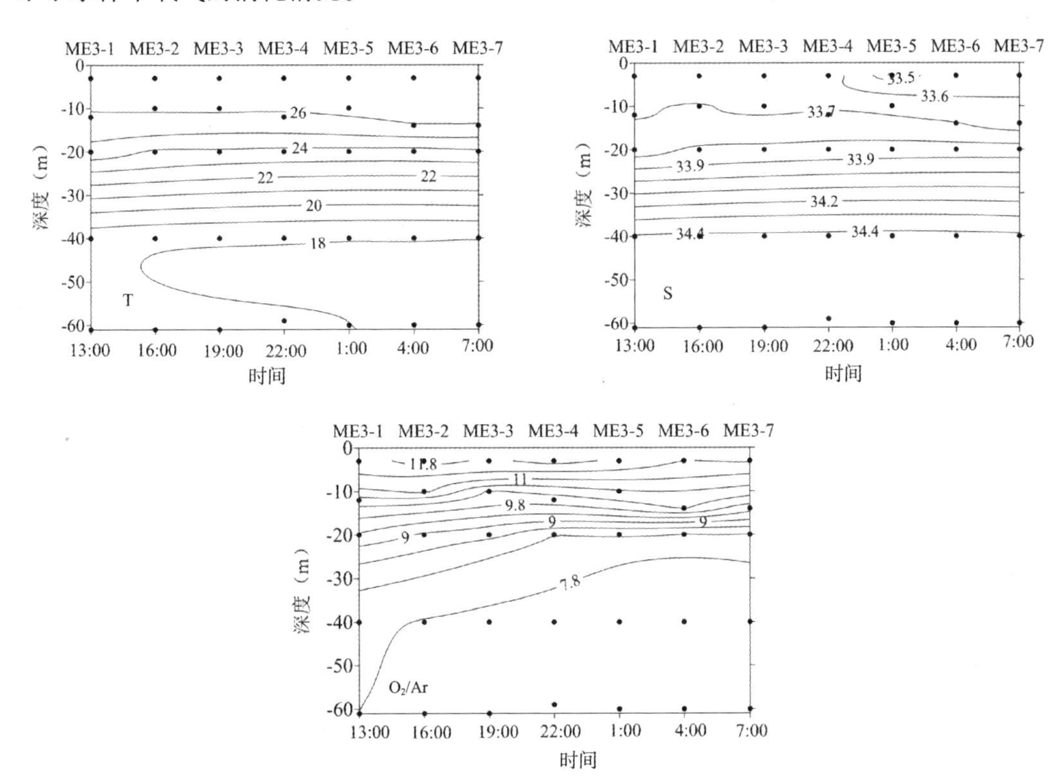

图3-7 ME-3连续站温度（℃）、盐度和O_2/Ar比值的周日变化

3.3.4 Δ（O_2/Ar）和NCP分布

2013年7月，东、黄海Δ（O_2/Ar）的范围为-54.7%～36.0%，低值区出现在长江口附近（P01、D01和MZ11），低值区向外Δ（O_2/Ar）较高（10%～36.%），黄海和东海陆架大部分海区Δ（O_2/Ar）普遍较低（2%～10%），但都大于0，表明黄、东海处于净的自养状态。扣除长江口附近受上升流影响的站位，黄海Δ（O_2/Ar）平均为（4.6±3.5）%，东海Δ（O_2/Ar）为（5.2±1.3）%，长江口Δ（O_2/Ar）为（13.5±7.6）%。根据Δ（O_2/Ar），结合区域平均风速，计算了东、黄海混合层中的

群落净生产力。在整个航次中黄、东海NCP分布有较大的空间差异性，变化范围较大，为−1 550～1 860 mmol·m^{-2}·d^{-1}。O_2/Ar比值法估算NCP是基于假设海水是稳态的前提下，忽略混合层底部和深层海水的垂直交换，因此，不适用于有上升流的海域。扣除长江口附近受上升流影响的站位，该航次NCP的变化范围为−68～1 860 mmol·m^{-2}·d^{-1}。其中，黄海NCP平均值为（111±92）mmol·m^{-2}·d^{-1}，东海NCP为（165±162）mmol·m^{-2}·d^{-1}，长江口NCP为（259±159）mmol·m^{-2}·d^{-1}，即黄海＜东海＜长江口，与文献报道的黄东海初级生产力分布趋势基本一致[120]。

另外，文献报道在计算NCP时$r_{C:O_2}$的不确定性约为10%[57]，k_{O_2}的不确定性约为±30%[48, 102]，根据误差的传递性估算该航次NCP的不确定性约为±43%。

3.3.5 影响黄、东海群落净生产力的因素

（1）水文结构

2013年7月航次黄、东海表层海水温度从北到南、从近岸到外海逐渐升高，在长江口附近温度相对较低。底层海水温度在黄海从北到南逐渐增大，在东海从近岸到外海逐渐降低。黄海表层海水盐度整体比东海陆架低，在长江口外部有观测到明显的长江冲淡水的影响。底层海水在杭州湾外部有北上的高盐水舌。在长江口低温海区，表底盐度均较高，主要是由于台湾暖流逆坡行进在长江口外侧形成上升流。在P断面上观测到长江口外侧（P01到P04之间）出现了温盐等值线的抬升。综上，大面和断面温盐分布都显示长江口存在上升流，上升流带入的底层低氧水导致长江口表层出现Δ(O_2/Ar）低值区。在受上升流、长江冲淡水影响的站位，NCP表现了较大的差异性，如长江口外部的D01、MZ11氧气较低的海区的NCP平均为（−1 378±244）mmol·m^{-2}·d^{-1}，而该区域北部生产力较高的Z2、R1站位NCP高达（1 798±89）mmol·m^{-2}·d^{-1}。这一方面由于该区域内存在的上升流，带入的底层低氧水体；另一方面上升流也带入大量的营养盐导致水华发生，随着营养盐的耗尽，也会加速区域耗氧。而邻近海域由于长江冲淡水和上升流提供大量营养盐浮游植物生长旺盛，浮游植物光合作用释放大量的氧气。

为了进一步认识长江口附近低Δ(O_2/Ar）及附近海域高Δ(O_2/Ar）的成因，我们做了长江口北部Z1、R1、Z2、MZ9等4个站位的剖面图（称之为MZ断面）（图3−8）。MZ断面整体温度从表层到底层逐渐降低，盐度从表层到底层逐渐增大。在离长江口最近的MZ9站附近，温度、盐度、O_2/Ar的等值线均出现抬升，显示该区域有上升流。在R1站位附近由于水流补偿效应，受长江冲淡水影响温度、盐度相对较低，这也验证了长江口外Δ(O_2/Ar）比值低值区的形成是由于上升流的影响。而上升流和长江冲淡水带来的大量营养盐使低值区附近的海域浮游植物生长茂盛，O_2/Ar比值较高。

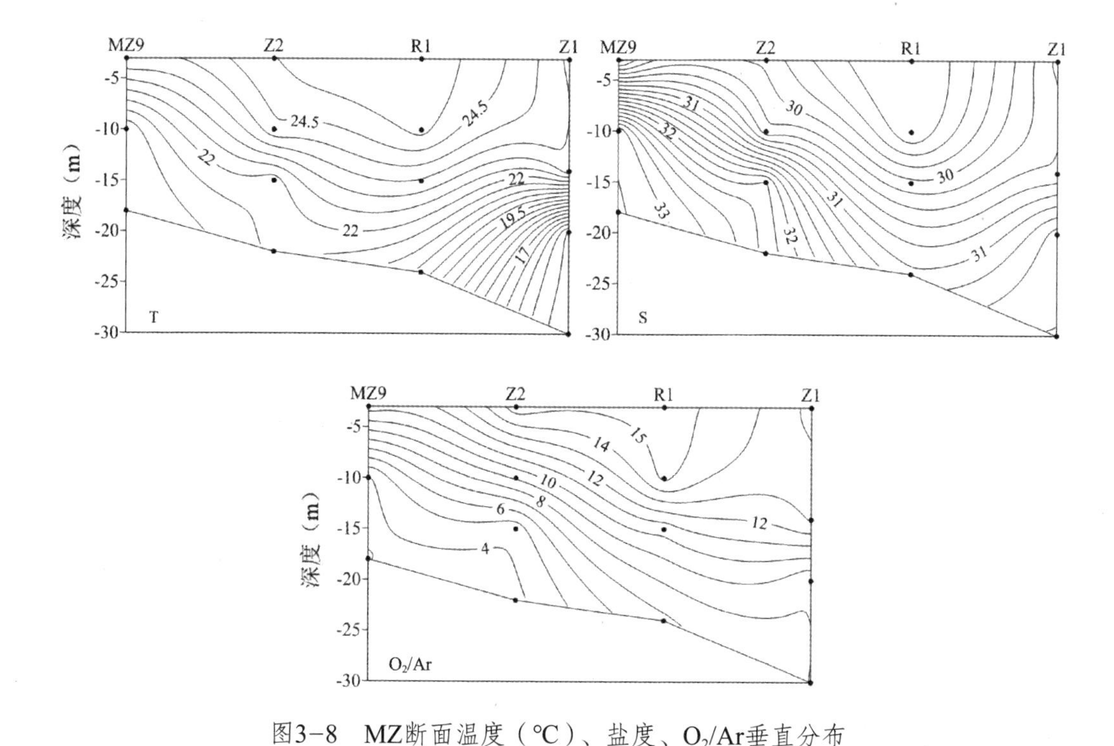

图3-8　MZ断面温度（℃）、盐度、O_2/Ar垂直分布

（2）NCP与GPP的关系

NCP是海区初级生产力和群落呼吸作用的差值，因此，海洋混合层中NCP与GPP有着密不可分的关系[80]。对比用SeaWiFS和AquaMODIS根据卫星遥感水色获得的东、黄海1998—2010年7月份叶绿素平均值和2013年7月叶绿素平均值的分布可知，长江口北侧沿岸叶绿素浓度较高，自长江口向外海叶绿素浓度逐渐降低，这与Δ（O_2/Ar）和NCP分布趋势一致（http://oceancolor.gsfc.nasa.gov/cgi/l3）。

现有文献报道，NCP/GPP比值范围较大（−4%～67%）[48，121]，如Bender[13]报道南极洲罗斯海NCP/GPP比值为32%，Reuer[48]报道南大洋NCP/GPP比值范围为−4%～46%，Stanley等[79]报道西赤道太平洋NCP/GPP比值为（5.7±1.8）%，Huang等[80]报道南大洋伊比利亚半岛西部海区NCP/GPP比值范围为−4%～43%，Brix等[122]在北太平洋ALOHA和大西洋BATS两个时间序列站进行了10年的连续观测。观测结果显示，这两个站位NCP/GPP比值的平均值分别为（39±3）%和（22±3）%。现有文献报道，黄、东海初级生产力也有较大的时空差异性，如朱明远等[123]报道，黄海春季初级生产力约为2 000 mg·m^{-2}·d^{-1}（即167 mmol·m^{-2}·d^{-1}），夏季初级生产力在500 mg·m^{-2}·d^{-1}（即42 mmol·m^{-2}·d^{-1}），高值分布在长江口和北黄海。林志裕等[120]报道，黄、东海海域2006年6～8月的初级生产力为378.65～6 403.47 mg·m^{-2}·d^{-1}（即31.55～533.62 mmol·m^{-2}·d^{-1}），平均值为2 059.56 mg·m^{-2}·d^{-1}（即171.63 mmol·m^{-2}·d^{-1}）。

高值出现在长江口海区，初级生产力东海（平均值为2 293.28 mg·m^{-2}·d^{-1}，即191.11 mmol·m^{-2}·d^{-1}）明显高于黄海（平均值为1 358.41 mg·m^{-2}·d^{-1}，即113.20 mmol·m^{-2}·d^{-1}），东海陆坡区的初级生产力低于陆架区，长江口东南海域和济州岛西南海域存在较高的初级生产力。周伟华等[124]的研究结果显示，夏季长江口附近海域表层初级生产力为2.70～162.55 mg·m^{-3}·d^{-1}，将其根据夏季长江口及其邻近海区混合层平均深度（约为14 m），计算得海区的初级生产力为3.15～189.64 mmol·m^{-2}·d^{-1}。傅明珠等[125]报道，夏季南黄海真光层初级生产力为3.54～139.65 mg·m^{-2}·h^{-1}（7.08～279.30 mmol·m^{-2}·d^{-1}），平均为30.69 mg·m^{-2}·h^{-1}（61.38 mmol·m^{-2}·d^{-1}），初级生产力分布空间差异明显，调查海域南部受长江冲淡水影响的区域以及江苏近岸的初级生产水平明显高于其他海区。张岩松等[126]于2002年8月份调查了贯穿黄海冷水团的青岛至济州岛断面上的4个站位，POC通量为（12.65±3.55）g·m^{-2}·d^{-1}，即（1 054.17±295.83）mmol·m^{-2}·d^{-1}。杨曦光等[127]用卫星遥感模型方法得到6月和8月黄海初级生产力分别为1 342.80 mg·m^{-2}·d^{-1}和909.38 mg·m^{-2}·d^{-1}（111.90和75.78 mmol·m^{-2}·d^{-1}）。张江涛等[128]报道4月份黄海初级生产力的变化范围为2.03～15.64 mg·m^{-3}·h^{-1}（即变化范围为56.84～437.92 mmol·m^{-2}·d^{-1}），平均值为6.08 mg·m^{-3}·h^{-1}；高值区分布在南黄海中部，低值区出现在临近长江口的站位，主要是受水体透明度的影响。高爽等[129]报道，夏季黄海初级生产力在158.5～1 918.9 mg·m^{-2}·d^{-1}之间（13.2～159.9 mmol·m^{-2}·d^{-1}），平均值为（637.4±394.1）mg·m^{-2}·d^{-1}。Gong等报道，东海南部陆架海域初级生产力的年平均值为（549±84）mg·m^{-2}·d^{-1}［（46±7）mmol·m^{-2}·d^{-1}］，远岸海域为（292±15）mg·m^{-2}·d^{-1}［（24±1）mmol·m^{-2}·d^{-1}］。Gong等[130]报道了1997年12月—1998年10月的4个不同季节航次中东海整个陆架的初级生产力，结果表现出较大的季节变化，其中夏季初级生产较高，为939 mg·m^{-2}·d^{-1}（78 mmol·m^{-2}·d^{-1}）。Chen等[131]报道了1998年夏季（6～7月）东海陆架的初级生产力。结果表明，发生水华区域的初级生产力为1.47～4.50 g·m^{-2}·d^{-1}（123～375 mmol·m^{-2}·d^{-1}），而在未发生水华的陆架中部和陆架坡折处初级生产力为0.62～1.10 g·m^{-2}·d^{-1}（52～92 mmol·m^{-2}·d^{-1}）。综上，夏季长江口、黄海和东海的初级生产力范围分别为3.15～533.62 mmol·m^{-2}·d^{-1}、7.08～437.92 mmol·m^{-2}·d^{-1}和24.33～375 mmol·m^{-2}·d^{-1}，根据已报到的混合层海水NCP/GPP比值范围（−4%～67%）粗略估算出长江口、黄海和东海的NCP分别约为357 mmol·m^{-2}·d^{-1}、293 mmol·m^{-2}·d^{-1}和251 mmol·m^{-2}·d^{-1}，本航次调查结果在估算范围内。

（3）表层海水温度及混合层深度的影响

海水温度以及混合层深度（MLD）也会影响NCP[121]。混合层深度通常定义为温度从表层海水向下变化0.2℃的深度，或者是密度增大0.03 kg·m^{-3}的深度[132]，本文中所用的混合层深度是调查区域七月多年的年月平均值。调查站位混合层深度范围为11.6~16.8 m，从北到南、从近岸到外海逐渐加深。这里我们将NCP/MLD定义为NCP的体积浓度（Volumetric NCP），来表示由混合层深度对NCP的影响，表示为NCP_{vol}（mmol·m^{-3}·d^{-1}）[82]。已报道的NCP_{vol}与表层海水温度（SST）之间的关系并不一致，如Hahm等[82]报道NCP_{vol}与SST呈较好的正相关，Tortell等[92]也发现NCP与SST正相关，这主要是因为这些文献调查的海域都在南大洋，表层海水温度在0℃左右，温度升高导致海冰融化提供大量的营养盐，有利于浮游植物的生长。Laws等[121]报道NCP与SST之间呈负相关，并认为这主要是由于在较高的温度条件下（约20℃），呼吸速率也比较高。Hahm等[82]报道MLD和NCP呈负相关关系，认为光照可能是影响NCP的主要因子。Cassar等[56]和Huang等[80]也发现了MLD和NCP呈负相关关系。Tortell等[92]报道了南大洋松岛湾表层海水温度较高的区域NCP、Δ（O_2/Ar）和叶绿素浓度也较高。本文中由于河流输入、上升流等因素的影响，NCP和Δ（O_2/Ar）的分布表现了较大的时空差异性，但扣除上升流等特殊海区，黄海和东海陆架的NCP_{vol}与SST以及MLD和NCP_{vol}也呈现一定的相关性（图3-9），如黄海NCP_{vol}与SST呈负相关，与MLD相关性不显著，表明黄海冷水团向黄海表层输入了大量的营养盐维持表层较高的生产力，而东海陆架区NCP_{vol}与SST呈较好的正相关，与MLD呈负相关，这与东海NCP从近岸到外海逐渐降低相一致。

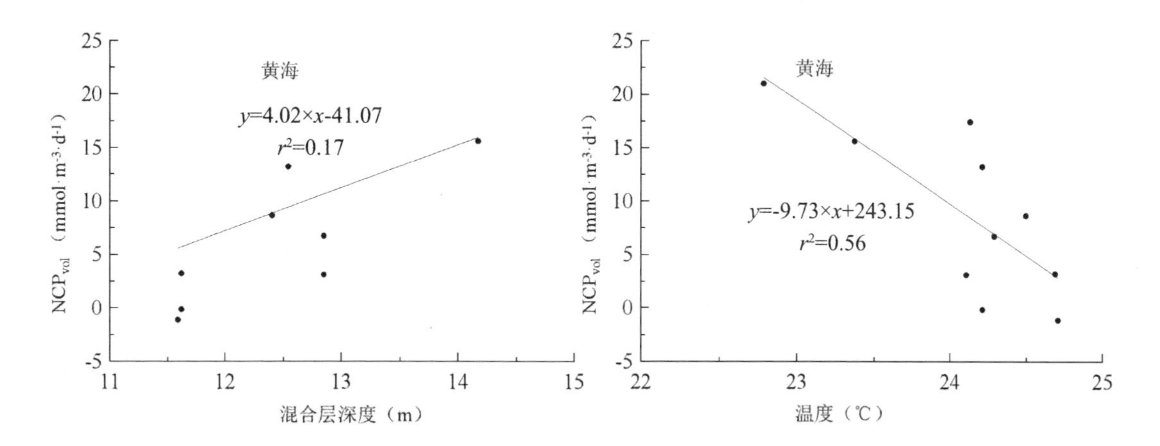

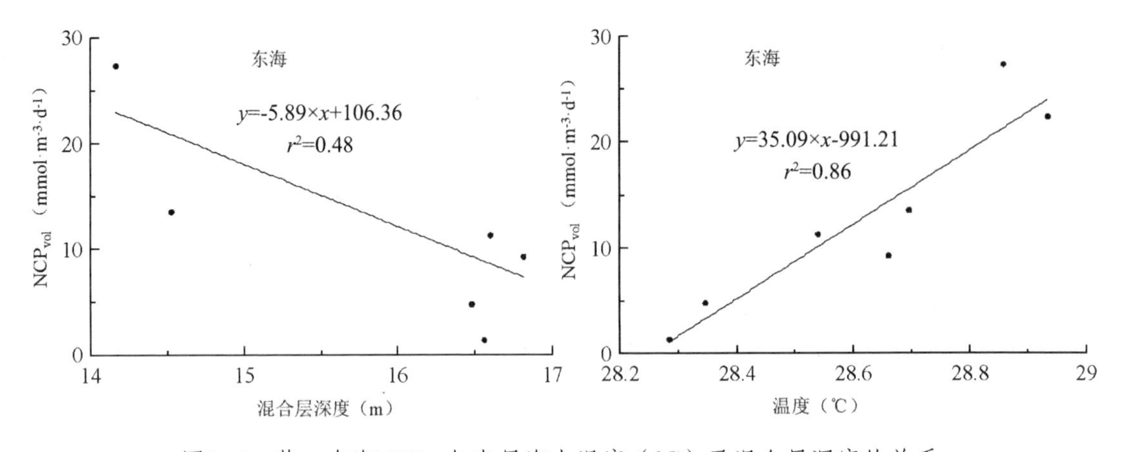

图3-9　黄、东海NCP_{vol}与表层海水温度（℃）及混合层深度的关系

3.4 2013年8月东海O_2/Ar比值和群落净生产力的分布研究

3.4.1 气象条件

2013年8月航次期间，东、黄海气温普遍较高，范围为22.92℃ ~ 32.40℃，低温主要出现在黄海海域。气压变化范围也较大，范围为99.30 ~ 100.87 kPa，风速的范围为0.63 ~ 19.57 m · s^{-1}。在125° ~ 127°E和27° ~ 30°N的范围内，气压低，风速高，主要是由于在航次进行到C断面外海端时，有台风将要经过该区域，向北航行进行避风，台风过后又返回D断面外海端开始采样。

3.4.2 大面分布

图3-10是2013年8月份航次东、黄海表层T、S、O_2/Ar、Chl *a*、ln CO_2等各参数的大面分布，各参数均表现出很大的时空差异性。表层海水温度范围为22.93℃ ~ 30.51℃，平均值为（28.18±1.47）℃，从北到南、从近岸到外海逐渐增大。低温海区主要分布在黄海、长江口以及杭州湾的近岸海域，其他海区温度基本都在28℃以上，济州岛西南部东海陆架海域温度普遍较高，在29℃以上。表层海水盐度范围为12.64 ~ 34.33，平均值为31.19±3.25，黄海中部和东海北部盐度明显低于浙闽沿岸和东海陆架，在长江口外观测到明显的冲淡水，一直影响到济州岛西南部海域并向东南扩展。在杭州湾外部，其盐度比同纬度外海高，存在北上的高盐水舌，这主要由台湾海峡贯穿流北上所致，也是长江冲淡水向东南扩展发生弯曲的原因之一（引自973项目2013年8月航次报

告）。叶绿素浓度在黄海中部、长江口和浙闽沿岸海域普遍较高，东海中部陆架及陆坡区特别是台风过后调查的海区叶绿素普遍较低。整个航次中与大气达到平衡后O_2/Ar比值的范围为11.6～11.8，而走航实测表层海水的O_2/Ar比值变化较大，范围为5.0～22.2，平均值为12.2±2.0，说明存在显著的氧亏损区和富氧区。O_2/Ar比值分布基本与叶绿素分布一致，浙闽沿岸及长江口外O_2/Ar比值相对较高，而东海陆架区相对较低，在台风过后调查的海区甚至出现轻微不饱和现象。在长江口附近海域观测到明显的氧亏损现象。CO_2信号值的分布与O_2/Ar比正好相反，在长江口外低氧海区，CO_2信号值较高，而在广阔的东海陆架，特别是近岸海区，Chl *a*浓度较高表明较高的生物量，O_2/Ar比值明显高于与大气平衡值，CO_2信号值较低，表明夏季东海是一个CO_2的强汇。

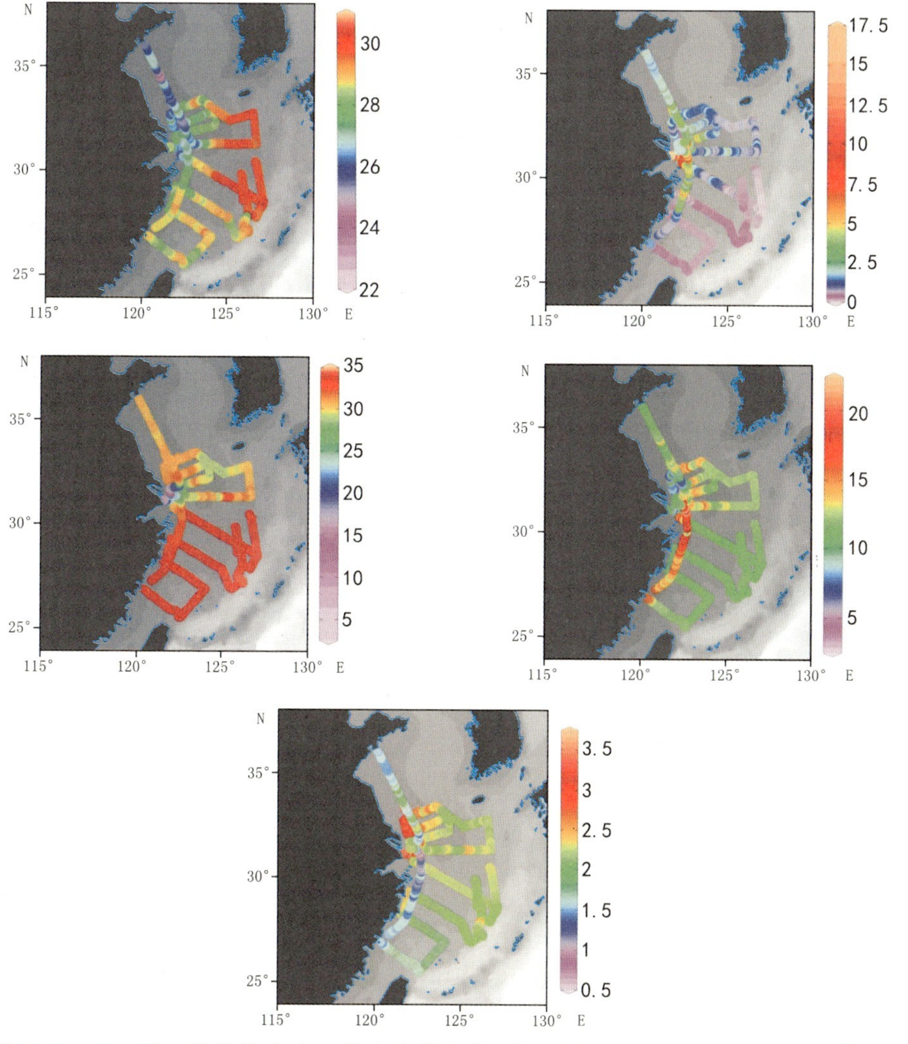

图3-10　2013年8月份航次东、黄海表层*T*（℃）、*S*、O_2/Ar、Chl *a*（$\mu g \cdot L^{-1}$）、ln CO_2等各参数的大面分布

3.4.3 断面分布

图3-11给出了2013年8月调查海域若干代表性断面各参数的分布趋势。N断面位于东、黄海分界处，温度从近岸向外逐渐升高，盐度在济州岛西南部，125°E以东受到长江冲淡水的影响有所降低。该断面近长江口一侧，叶绿素浓度相对较低，到122.8°E以东，叶绿素浓度迅速增大，且波动较大，但整体而言从近岸到外海呈逐渐降低趋势。O_2/Ar的分布与叶绿素分布基本一致，在近长江口一侧122.3°~122.8°E的范围内也观测到表层海水中O_2/Ar明显的低值（6.03±0.68），远低于与大气平衡时的值（11.61）。到122.8°E以东，O_2/Ar比值迅速增大，整体而言从近岸到外海呈逐渐降低趋势。ln CO_2分布与O_2/Ar比值呈镜像关系，在近长江口一侧122.3°~122.8°E的范围内CO_2信号值较高，向外海CO_2浓度逐渐降低。这主要是由夏季跃层较浅，在122.3°~123.5°E的范围内，跃层小于10 m，而在122.3°~122.8°E的范围内跃层最浅处约为2 m（航次报告），因此，该区域观测到O_2/Ar、叶绿素低值和CO_2高值是因为采集的跃层以深的水样。

B断面位于长江口外侧，该断面从近岸到125°E的范围内，跃层均小于10 m，部分航段采集到的样品为跃层附近的水样。各参数在从近岸到125°E的范围内的变化主要受跃层深度的影响。具体而言，从近岸到124°E，受长江冲淡水和跃层的影响温度、盐度均较低，向外海温度、盐度逐渐升高。Chl *a*在长江口附近出现高值，向外海逐渐降低。这可能是由于该海域受到长江冲淡水的影响，营养盐丰富，生物活动强烈，有藻华发生。O_2/Ar比值整体上与叶绿素分布趋势一致，在近岸端由于跃层较浅，采集到跃层以深的水，O_2/Ar比值低于与大气平衡时的值，随着叶绿素浓度的增高，O_2/Ar比值也迅速增大，到外海O_2/Ar比值逐渐降低，略高于与大气平衡时的值，说明该海域整体处于自养状态。ln CO_2与O_2/Ar比值呈镜像分布。

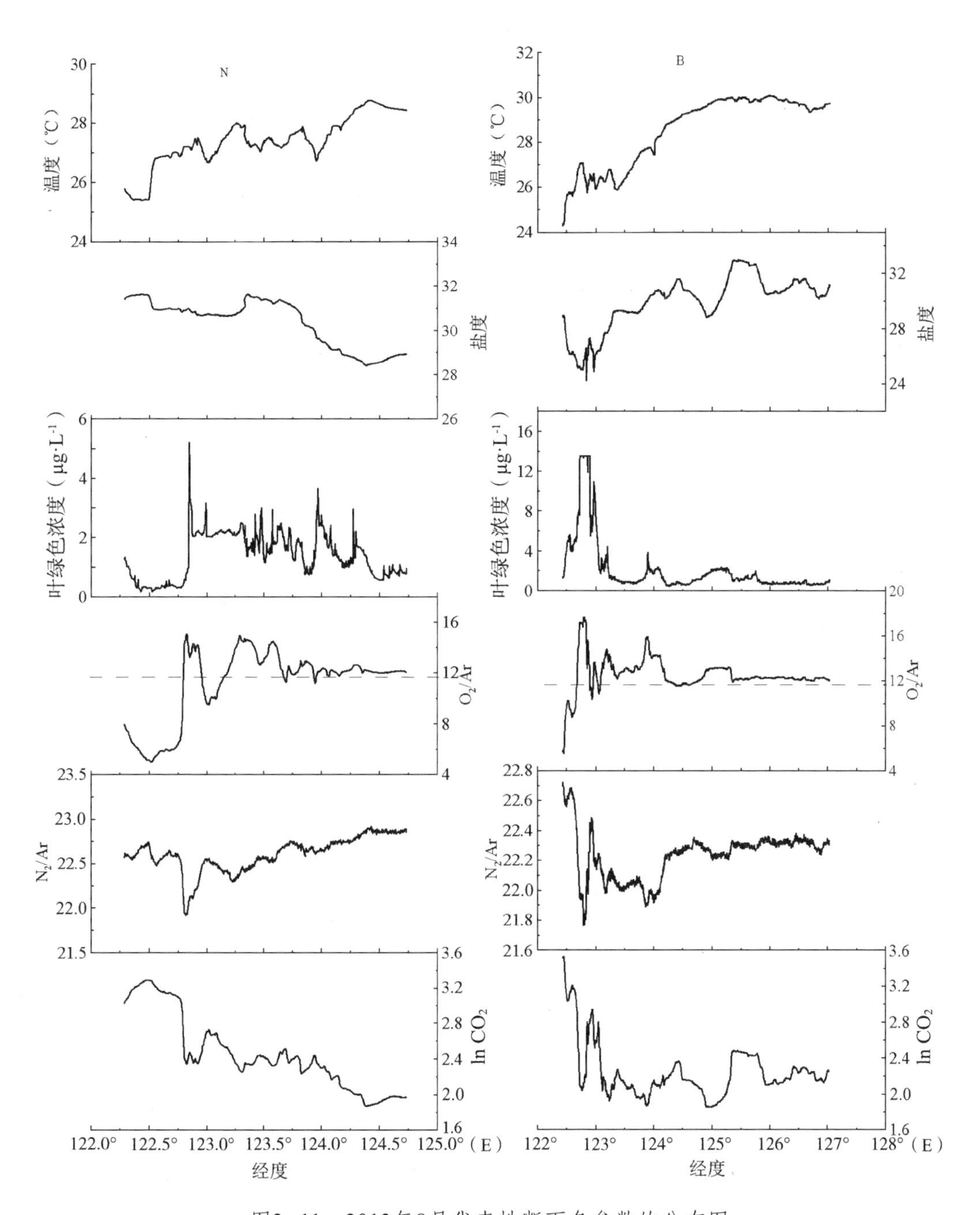

图3-11　2013年8月代表性断面各参数的分布图

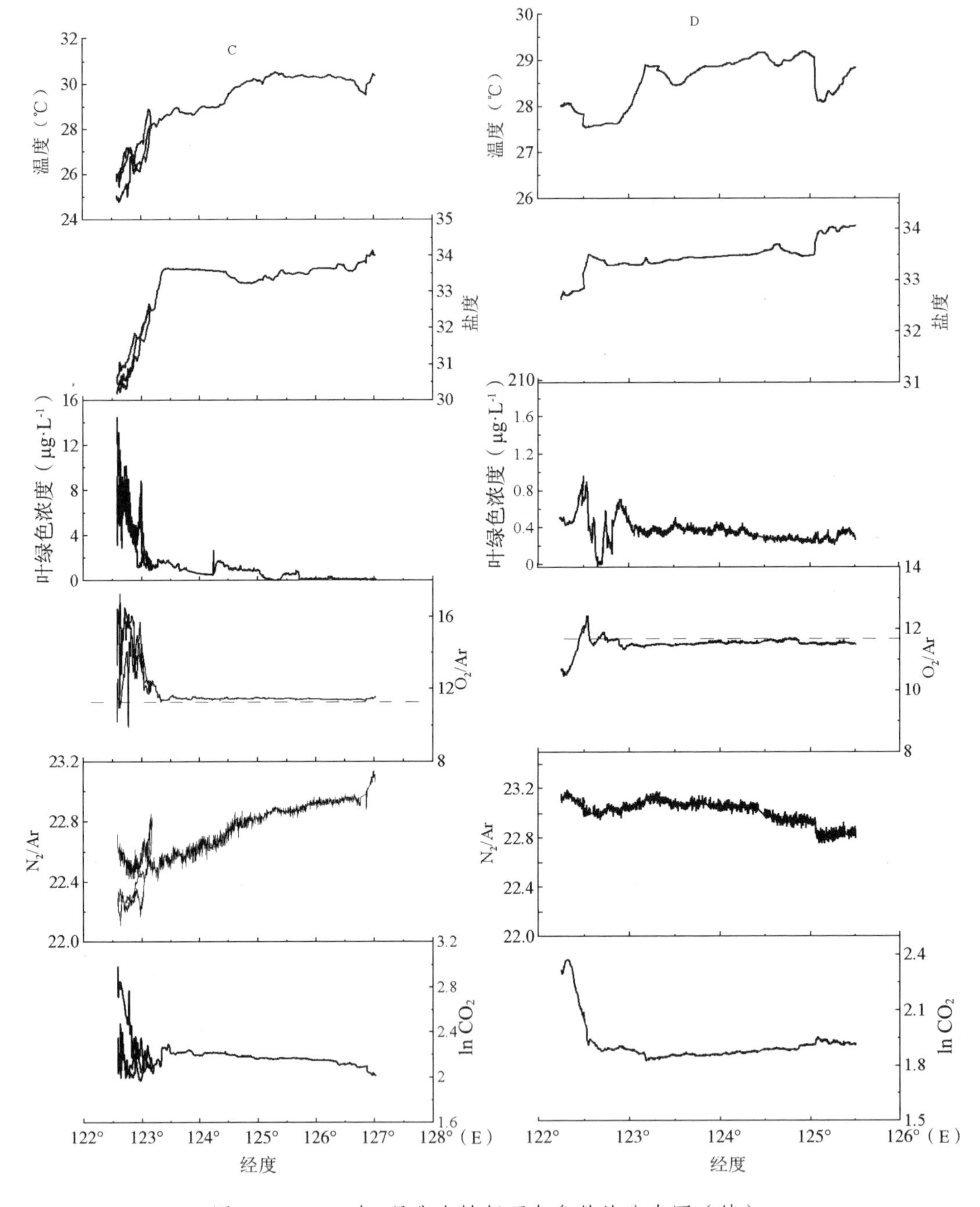

图3-11　2013年8月代表性断面各参数的分布图（续）

C断面自长江口延伸向冲绳海槽，各参数整体分布规律与前面两个断面基本一致，温度和盐度从近岸到外海逐渐增大，在外海变化趋于平缓。在长江口低盐区，Chl *a*浓度较高，显示生物活动强烈，从近岸到外海Chl *a*浓度逐渐降低。表层海水O_2/Ar在低盐区相对较高，但也观测到部分低于与大气平衡值的海区，这主要是由于该海域跃层较浅，在某些海域能达到5 m以浅，采集到跃层以深的低氧水体。在外海高盐区O_2/Ar比值均略高于与大气平衡时的值，说明该区域海水处于自养状态。整体上O_2/Ar的分布趋势与Chl *a*基本一致。ln CO_2分布与O_2/Ar呈镜像关系。

D断面位于浙江外海域，横穿东海陆架，温度和盐度从近岸到外海逐渐增大，Chl *a*在近岸海区浓度较高，外海浓度较低且变化不大。O_2/Ar比值在D断面近岸海域有显著的低值区，可能是由于跃层较浅，而该断面近岸海域存在底层低氧现象，自近岸向外Chl *a*高值区对应海域O_2/Ar比值也较高，而外海海域O_2/Ar比值均略低于与大气平衡时的值，这主要是由于该断面在调查前刚有台风经过，剧烈的海气交换导致表层海水中O_2处于不饱和状态[56]。ln CO_2与O_2/Ar分布趋势相反，近岸O_2/Ar比值低值区ln CO_2较高，说明该区域受生物过程影响显著。

Z和H断面是在返航过程中观测的两个连续断面，分别为从F断面近岸端开始沿浙闽沿岸至长江口和自长江口纵穿黄海到青岛。由于这两个断面离岸相对比较近，跨越的纬度范围比较大，各参数的分布有显著的时空差异性。Z断面表层海水温度从南到北逐渐降低，盐度在浙江沿岸变化不大（27.3°N ~ 30°N，32.11 ~ 33.56），在杭州湾外部盐度有所降低（30°N ~ 31°N，29.09 ~ 32.92），向北受到长江冲淡水的影响，盐度在长江口附近迅速降低至25.5。Chl *a*浓度从南向北逐渐增大，在杭州湾及长江口外部整体较高，但其数据波动也较大，可能是附近跃层较浅造成的。O_2/Ar分布与Chl *a*有较好的对应关系，在浙闽沿岸O_2/Ar比值处于较高的过饱和状态，在该断面上生物氧过饱和度平均为（37.2±18.7）%，最大值为90.1%。该断面ln CO_2较低，与O_2/Ar呈镜像分布。H断面温度普遍偏低（22.93℃ ~ 28.28℃），在黄海中部34.5°N附近，有一个低值，可能是受黄海冷水团的影响。盐度从长江口向北迅速增大到31.70，进入黄海后，盐度变化不大（29.54 ~ 30.91）。叶绿素浓度在长江口北部到34.5°N的范围内较高且空间分布差异性较大，向北逐渐降低。O_2/Ar在长江口北部到34.5°N的范围变化较大，向北基本趋于稳定，略高于与大气平衡的值。ln CO_2与O_2/Ar呈镜像分布。在长江口北部到34.5°N的范围内叶绿素、O_2/Ar和ln CO_2都表现了较大的差异性，主要是由于该区域跃层较浅，接近于采样深度造成的。

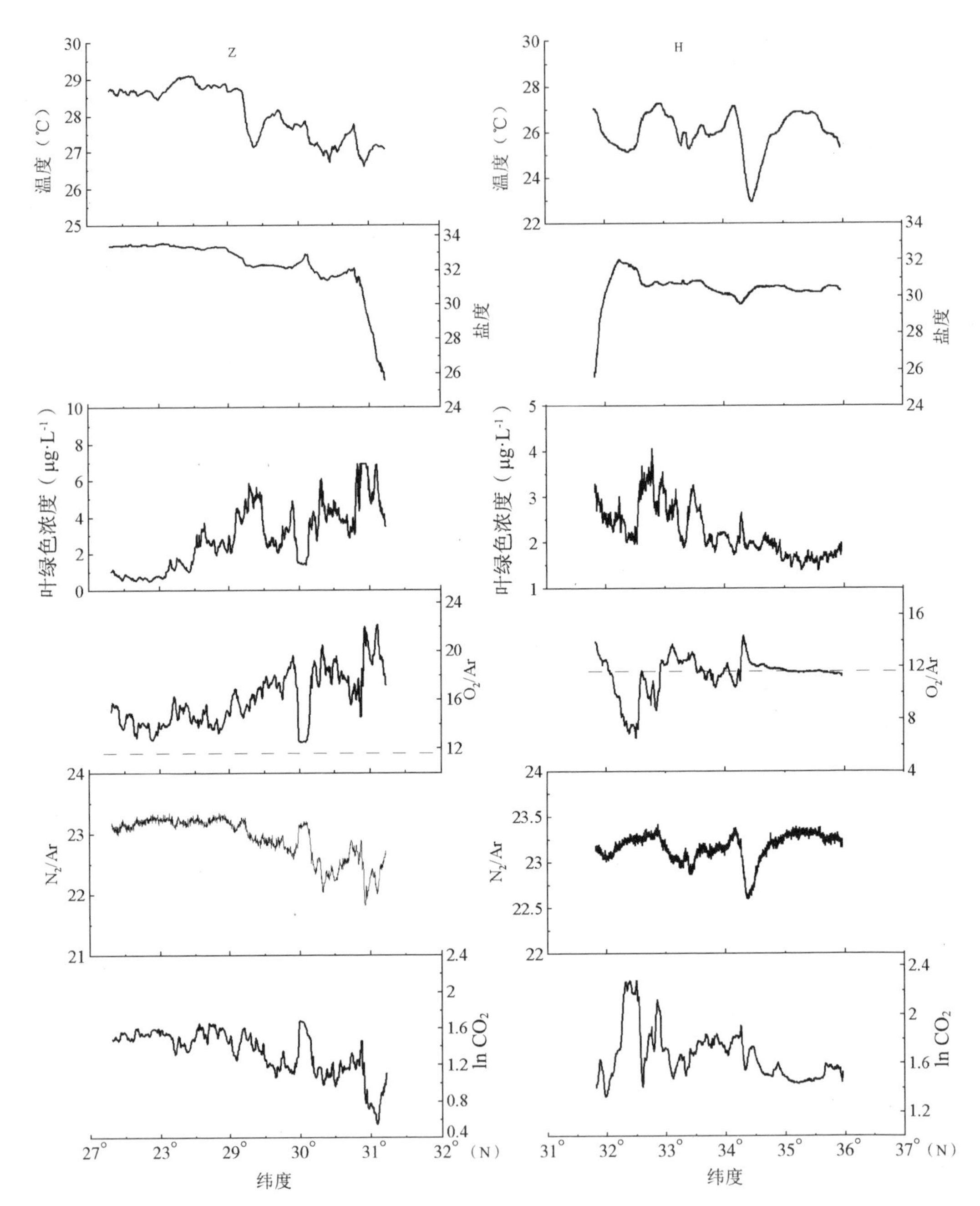

图3-11　2013年8月代表性断面各参数的分布图（续）

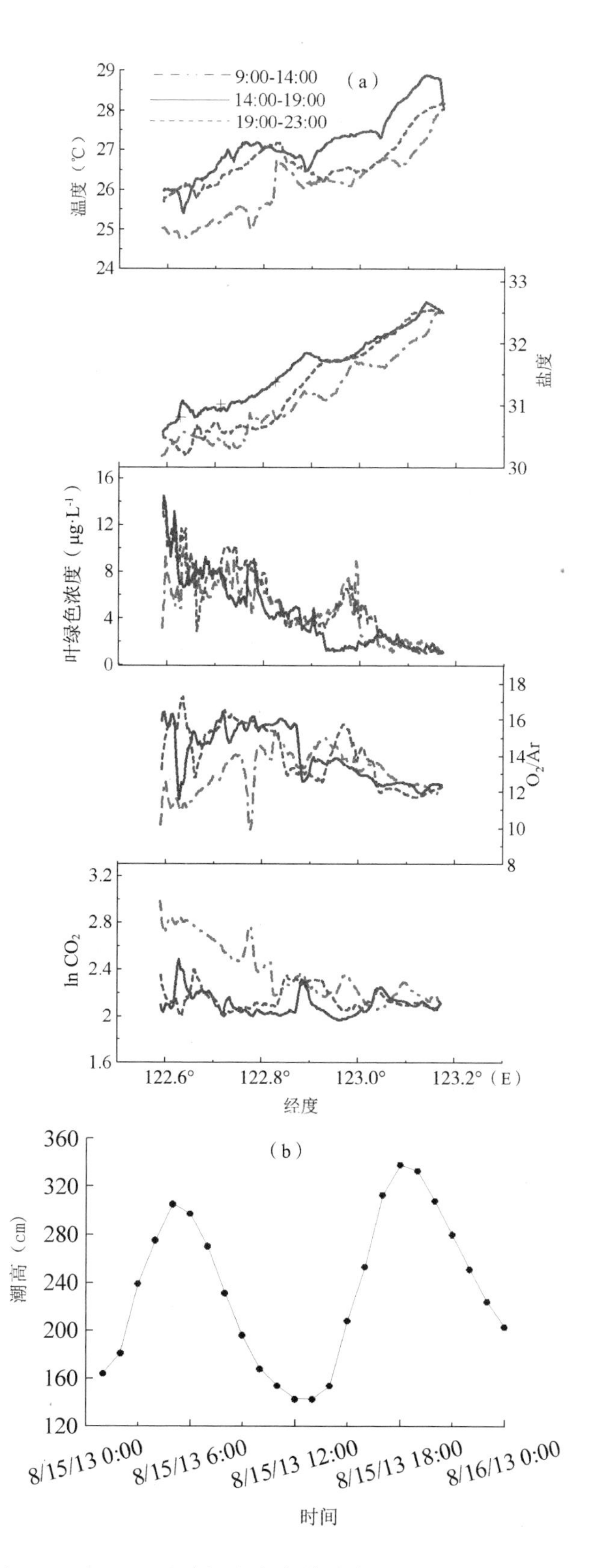

图3-12　2013年8月15日C断面不同时间段各参数的变化（a）及吴淞监测站潮位变化（b）

在C断面近岸122.6°E ~ 123.2°E范围海区内，船在同一航迹上连续往返航行了3次，分别为2013年8月15日9:00 ~ 14:00从A点（30.74°N，122.6°E）到B点（30.42°N，123.20°E），16:00—19:00从B点返回到A点，然后19:30 ~ 23:00从A点航行至B点，分别观测到了同一断面上午、下午和夜间各参数的变化情况（图3–12（a））。根据吴淞站对应的潮位图（图3–12（b））可以看出，9:00 ~ 14:00处于落潮低潮，16:00 ~ 19:00处于涨潮期，19:30 ~ 23:00处于落潮初期，潮位较高。该断面温、盐从近岸到外海逐渐升高，但将潮汐因素考虑进来，可以发现不同时间段内各参数的变化受潮汐的影响显著。9:00 ~ 14:00期间由于处于低潮期温度比其他两次调查期间的温、盐度低，随着涨潮时高温外海水的入侵，16:00 ~ 19:00期间的温、盐都较高，19:30 ~ 23:00期间处于落潮初期，温、盐范围介于前两者之间，昼夜变化对表层海水温度影响不明显。Chl *a*从近岸到外海逐渐降低，O_2/Ar比值受潮汐影响显著，特别是离岸较近的海区低潮时的O_2/Ar比值显著低于潮位较高时，甚至观测到低于与大气平衡值的现象，这主要是由于退潮时跃层变浅，因此采集的样品比高潮时更接近跃层或采集跃层以深的水样。ln CO_2与O_2/Ar分布趋势相反。

3.4.4 低氧核心区A3连续站各参数周日变化

2013年8月12日正午12:00到13日正午12:00期间，在位于本次调查观测到的低氧核心区的A3站进行了连续观测。图3–13是吴淞监测站连续站期间的潮位变化图，图3–14是各参数随时间的变化，显示各参数受潮汐的影响明显。自12日中午12点开始，随着外海水入侵温度逐渐减低，盐度增高，落潮时温度变化不大，而盐度明显降低。叶绿素随潮汐变化明显，涨潮时叶绿素浓度降低，落潮时叶绿素浓度升高。O_2/Ar的分布与叶绿素分布基本一致，虽然A3连续站位于低氧核心区，但是由于我们测定的是表层5 m的海水，并没有观测到明显的大范围低氧。CO_2的分布趋势在整个观察周期内与O_2/Ar比值呈较好的镜像相关关系。

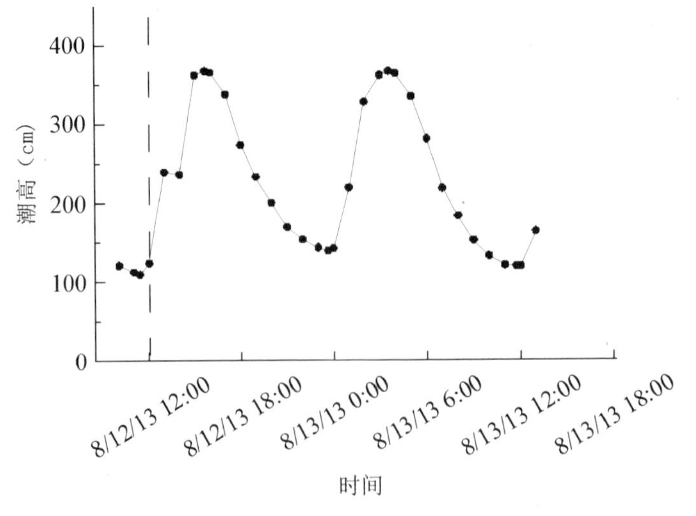

图3–13　2013年8月12～13日吴淞监测站潮位图

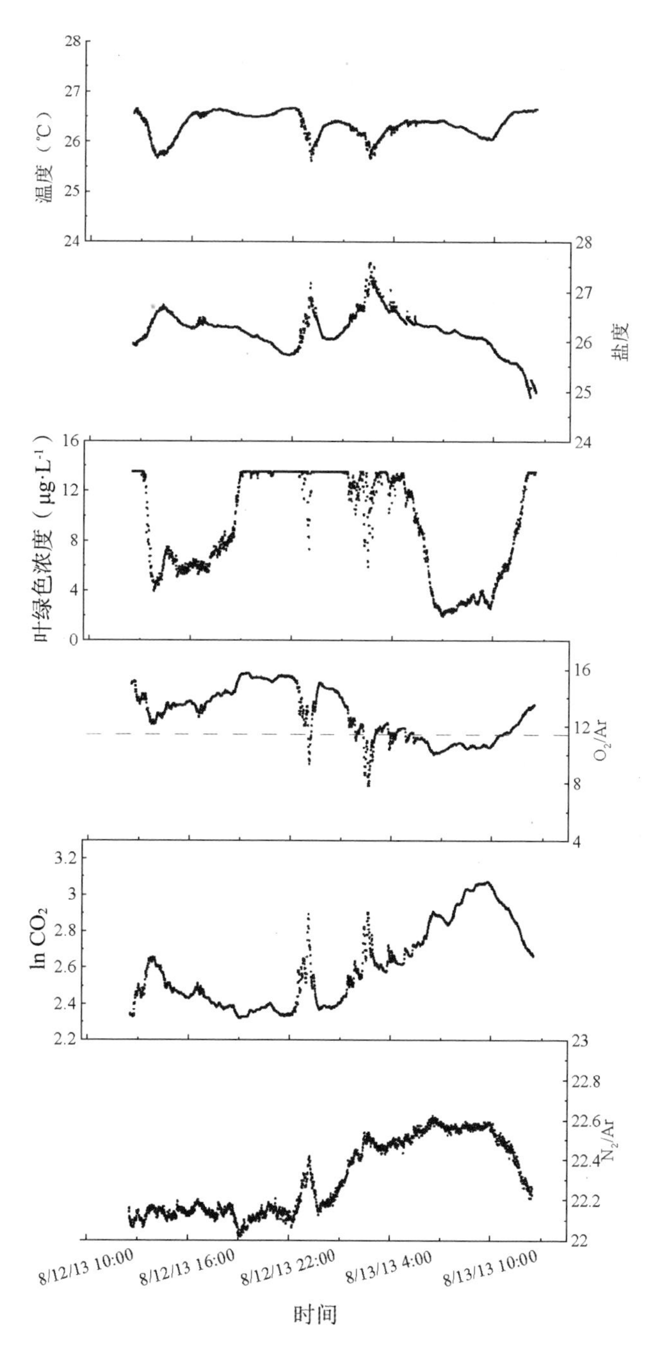

图3-14　A3连续站各参数周日变化

综上所述，2013年8月各断面O_2/Ar的分布与Chl *a*的变化趋势一致，与CO_2呈镜像分布，说明夏季该海域溶解氧主要受生物过程影响，即由光合作用和呼吸作用控制。另外，潮汐也会影响近岸海水O_2/Ar的分布。

3.4.5 Δ(O_2/Ar)和NCP分布

2013年8月航次期间东海的Δ(O_2/Ar)范围为−57.2%～91.1%，平均值为(5.0±16.9)%。Δ(O_2/Ar)低值区主要分布在长江口北部，主要是由于夏季该区域跃层较浅，采集到跃层以深的水样。Δ(O_2/Ar)自低值区向外逐渐增大，另外在杭州湾外部及浙闽沿岸海区Δ(O_2/Ar)也较高，黄海和东海陆架Δ(O_2/Ar)相对较低，但黄海和台风前调查的东海陆架海域Δ(O_2/Ar)大于0，而东海陆架30°N以南台风后调查海区Δ(O_2/Ar)接近或小于0，这主要是由于该海域调查前刚经历了一场台风，较强烈的海−气交换导致混合层中O_2处于不饱和状态[54]。总的来说，东海海域基本处于自养状态。

根据Δ(O_2/Ar)，结合区域平均风速，计算了东海混合层中的群落净生产力。在整个航次中NCP的分布表现出较大的空间差异性，变化范围较大，为−1 641～1 902 mmol·m^{-2}·d^{-1}。扣除长江口外跃层较浅的站位，该行次NCP的变化范围为−175～1 902 mmol·m^{-2}·d^{-1}，其中黄海的NCP为(92±264) mmol·m^{-2}·d^{-1}，浙闽沿岸的NCP为(298±234) mmol·m^{-2}·d^{-1}，东海陆架台风前的NCP为(13±36) mmol·m^{-2}·d^{-1}，东海陆架台风后的NCP为(−24±73) mmol·m^{-2}·d^{-1}，长江口的NCP为(166±533) mmol·m^{-2}·d^{-1}。该航次在东海和长江口的NCP比7月份调查结果低，但其分布趋势与7月份基本一致。另外，由该结果还可以看出，台风短期内会对混合层中Δ(O_2/Ar)带来较大的影响，进一步对NCP的估算带来较大的误差。根据$r_{C:O_2}$和k_{O_2}的不确定性估算该航次NCP的不确定性平均为±26%。

3.4.6 影响NCP的因素

(1)水文结构

图3−15为2013年8月东海底层温度、盐度和溶解氧的大面分布。由于黄海冷水团的入侵，海水温度在北部较低，其最低温度接近8℃，在济州岛西南部有较为明显的温度锋；同时，在西部沿岸等温线也非常密集，几乎与岸线平行。而在台湾以北，有一大片冷水呈舌状向北伸展，形成南北走向的冷水区，水温在14℃～19℃之间；在长江口外面，是一片水温在21℃左右的暖水区，在调查区的最东南区域，水深较深，水温低，在10℃以下。底层的盐度分布趋势与表层大致相似，大于34.0的高盐水占据了东海大部分海域，在陆架边缘的海域盐度达34.5以上；在调查海域的北部，表现为一条由黄海指向东海的、呈西北—东南向的低盐水舌，显示了苏北沿岸水对东海的入侵。底层溶解氧的平面分布显示，在长江口东北部的海域，出现了明显的缺氧区，最低值低于1 mg·L^{-1}，2 mg·L^{-1}浓度等值线所显示的范围则与长江冲淡水的形状类似，均为先向东北扩展后拐向东南。而3 mg·L^{-1}的等值线最东边已经扩展至125°E以东的海域。调查

显示，底部缺氧最为严重的海域位于A3站附近，氧气的浓度为1.37 ~ 1.51 mg · L^{-1}。底层缺氧区与表层O_2/Ar比值低值区分布范围一致。

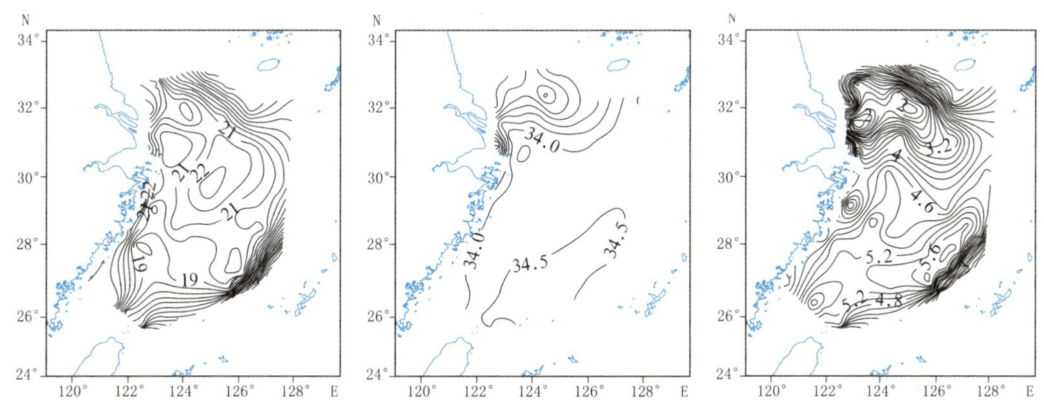

图3-15　2013年8月东海底层温度（℃）、盐度和溶解氧（mg · L^{-1}）的水平分布

2013年8月东、黄海各个断面温度、盐度和溶解氧的垂直分布如图3-16所示。夏季各断面都有明显的层化现象，温度和DO从表层到底层逐渐降低，盐度从表层到底层逐渐增大。N、A、B断面的近岸端均位于低氧核心区，并且跃层较浅，一般小于10 m，有些区域混合层深度仅约为2 m。因此，在该区域观测到的O_2/Ar比值较低是由于跃层太浅，采集的表层海水（5 m）实际上反映了跃层以下底层低氧水的特征。而NCP表示的是混合层中有机碳的净生成量。因此，在估算区域NCP时，该类数据应该被剔除。而7月份C断面在长江口的上升流到本航次已经消失，水柱结构层化均匀。位于东海陆架中部的E断面近岸端温、盐、溶解氧等值线也有抬升的现象，但范围不大。综上，由于7月份上升流和长江冲淡水的影响，长江口外偏北海区发生水华，底层耗氧严重，跃层变浅，在长江口北部表层Δ（O_2/Ar）的低值主要是由于采集到跃层以深的水样，会对区域NCP的估算造成一定的不确定性。

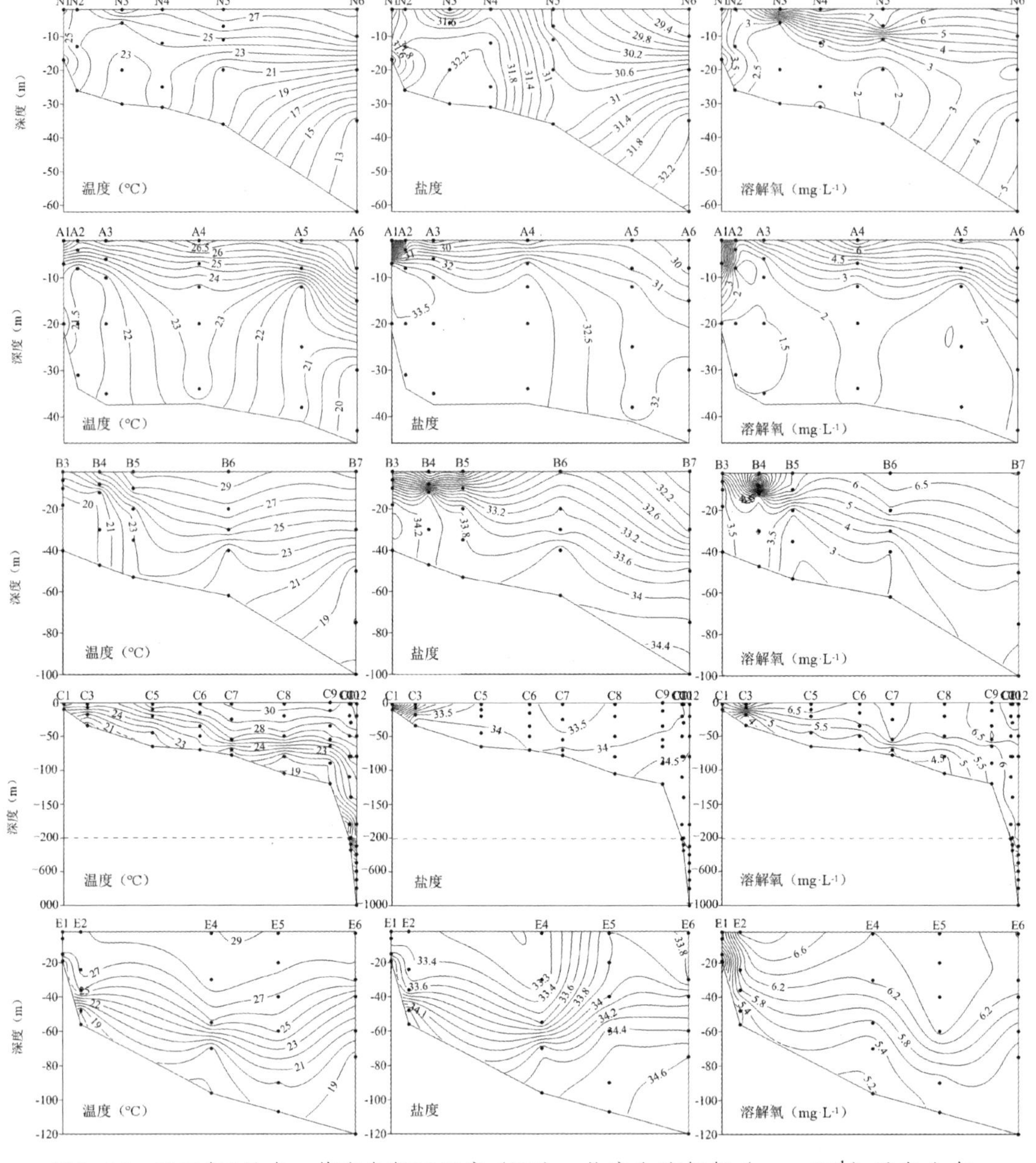

图3-16　2013年8月东、黄海各断面温度（℃）、盐度和溶解氧（$mg \cdot L^{-1}$）垂直分布

（2）温度的影响

2013年8月航次中，NCP与温、盐并无相关性，NCP高值区主要分布在温度为26℃～28℃，盐度为22～33之间的区域（图3-17）。低盐区主要位于长江口，海水较浑浊，影响水体的透光性，而盐度大于33的海区主要位于受黑潮水影响明显的陆坡和陆架附近，陆源输入的营养盐较少。另外，东海陆坡区调查期间有台风经过，较强烈的海气交换导致表层海水中O_2/Ar接近略低于与大气平衡时的值。而高盐低温的海区，

一方面温度低影响浮游植物的活性，另一方面低温高盐海区受上升流影响强烈，而温度较高时浮游植物的呼吸速率也比较高[121]。

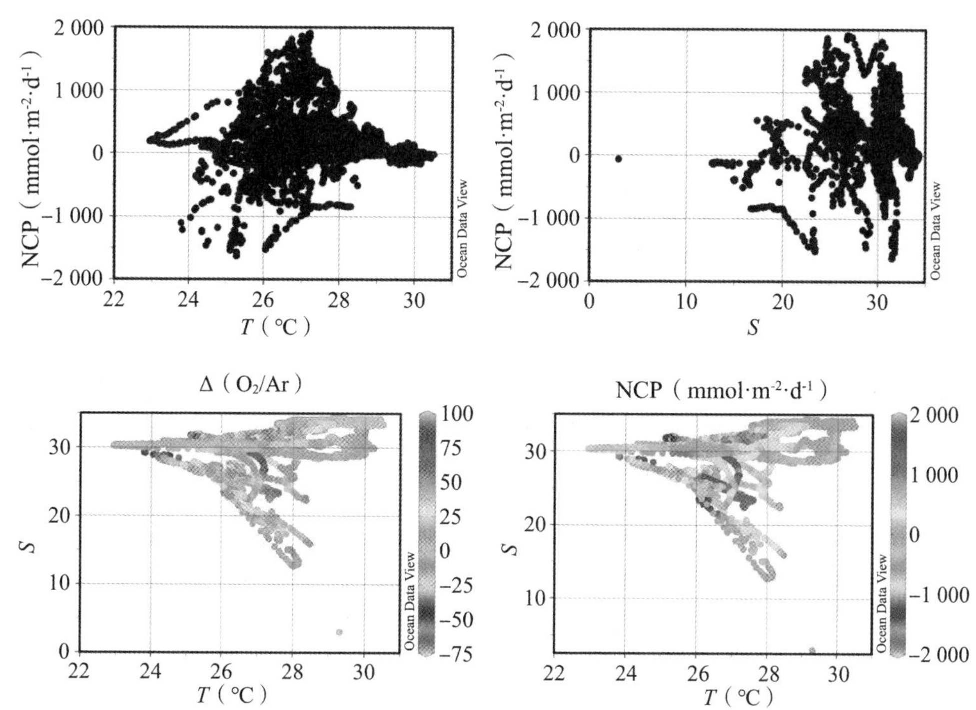

图3-17　2013年8月东海NCP（$mmol \cdot m^{-2} \cdot d^{-1}$）、Δ（$O_2$/Ar）和温度（℃）、盐度等各参数之间的关系

（3）生物活动的影响

如3.4.4节断面分布中所示，2013年8月各断面O_2/Ar分布与叶绿素变化趋势一致，与CO_2呈镜像相关。图3-18为O_2/Ar和ln CO_2以及Chl *a*的关系图，尽管由于水团、冲淡水、上升流等各种因素的影响，点分布的相对离散，但根据温盐将这些因素抽离出来可以看出O_2/Ar和ln CO_2呈较好的负相关，与叶绿素呈较好的正相关，NCP与Δ（O_2/Ar）比值有较好的相关性。以上结果表明，夏季该海域的溶解氧和NCP主要受生物过程控制。

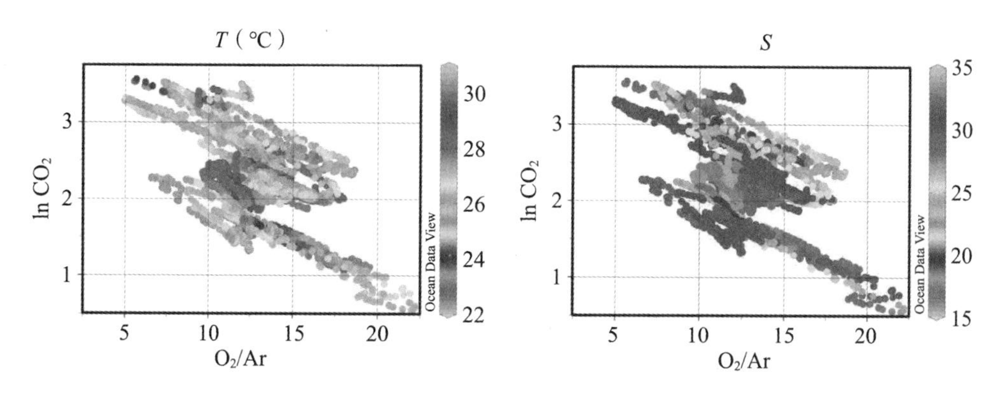

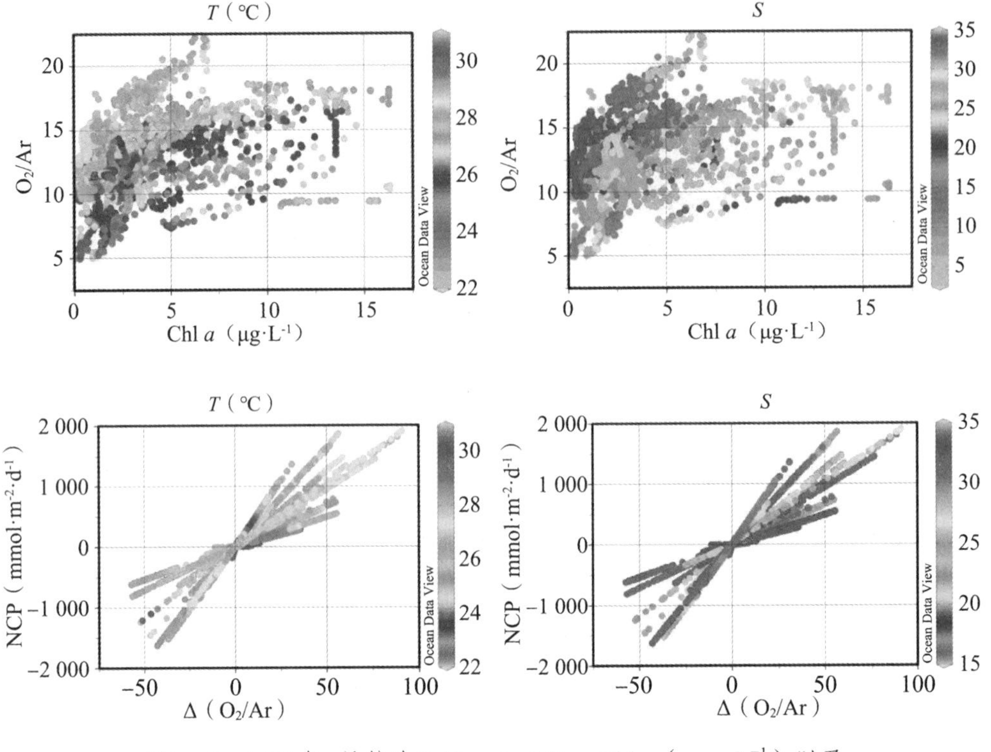

图3-18　2013年8月航次O_2/Ar、ln CO_2、Chl *a*（μg・L^{-1}）以及
NCP（mmol・m^{-2}・d^{-1}）等各参数之间的关系

3.5 2013年10月东海O_2/Ar比值分布和群落净生产力研究

2013年10～11月东海航次期间，多次受寒流和台风影响，海况较差，避风时间占整个航次用时的一半以上，根据NACP/NCAR分析资料显示，在整个航次中，东海的平均风速高达（9.20±3.89）m・s^{-1}，并且即便是航行期间的风浪也较大，甚至于走航仪器无法正常运行。停船做站期间记录的瞬时风速平均为（7.00±3.56）m・s^{-1}。

3.5.1 大面分布

2013年10月航次表层*T*、*S*、O_2/Ar、Chl *a*、ln CO_2等参数的大面分布如图3-19所示。表层海水温度范围为19.70℃～26.85℃，平均值为（24.12±1.33）℃，由在整个航次期间多次受到寒流和台风的影响，温度分布规律不如夏季航次连贯明显，整体上温度从近岸到外海逐渐增大，在C断面和F断面陆架海域温度普遍较高。表层海水盐度范围为18.73～34.54，平均值为32.59±2.90，从近岸到外海逐渐增大，黄海南部、东海北部海域盐度比东海南部陆架海域低。由于仪器故障原因仅在东海南部海域获得Chl *a*数据，Chl *a*的浓度比夏季低，高值分布在浙江沿岸附近海域。整个航次中O_2/Ar比值的范围为6.2～10.5，平均值为8.6±0.7，高值分布在长江口北部，而夏季O_2/Ar比值较高的长江口东部海域最低。与大气达到平衡后O_2/Ar比值的范围为8.3～10.6，大部分海域的O_2/Ar比值都低于与大气平衡时的值。CO_2信号值的分布与O_2/Ar一致，在长江口北部相对较高，其他海域较低且变化幅度不大，这主要是由于该航次海况较差，海–气交换是影响海区气体分布的最主要因素。

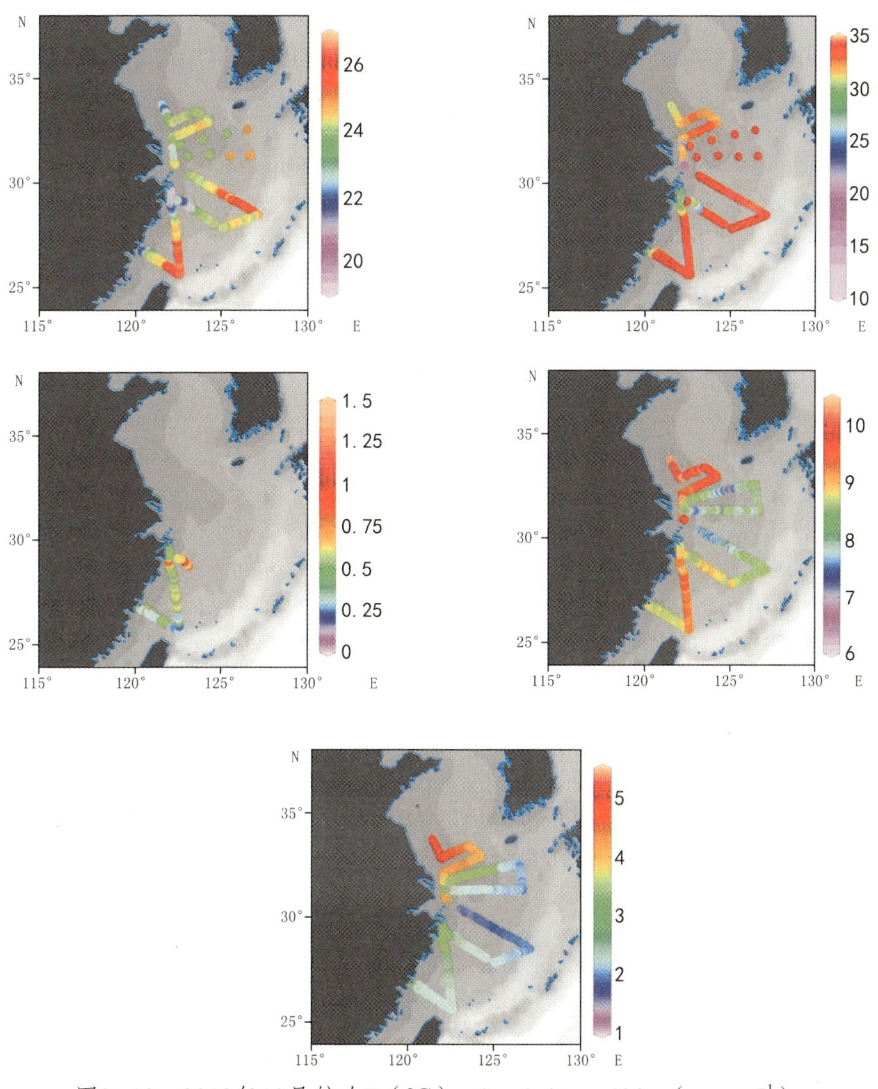

图3–19　2013年10月航次T（℃）、S、O_2/Ar、Chl *a*（μg·L^{-1}）、ln CO_2等参数大面分布

3.5.2 断面分布

2013年10月航次东海不同断面各参数的分布如图3−20所示。M断面位于黄海南部，东、黄海分界线以北，温度从近岸到外海变化不大（23.62℃～24.15℃），到陆架123.5°E以东受黄海低温水团的影响有所降低。盐度从近岸到外海逐渐增大，到温度降低的海区盐度也有所降低。O_2/Ar的分布与盐度相反，在小范围内的变化与温度有很好的一致性。ln CO_2从近岸到外海逐渐降低。在整个断面上O_2/Ar和ln CO_2均与温度无明显相关性，但二者都与盐度有一定的相关性（r^2分别为0.68和0.59，n=425）。

N断面位于黄、东海分界线上，温、盐分布趋势与M断面相似。O_2/Ar比值整体上从近岸到外海有所增大，在陆架海域随温度降低O_2/Ar增大，可能是受气体溶解度的影响。ln CO_2与O_2/Ar呈镜像分布。在整个断面上O_2/Ar和ln CO_2均与温盐均无明显的相关性。

C断面自长江口延伸向冲绳海槽，温、盐从近岸到外海逐渐增大，O_2/Ar从近岸到外海也略有增大，ln CO_2与O_2/Ar的分布趋势一致，该断面开始前刚经历一场寒流和台风（约一周），海水中各溶解气体处于严重不饱和状态（如O_2、Ar），随着航次的进行逐渐恢复、增大，趋于与大气平衡。

D断面位于浙江外海域，横穿东海陆架，该断面调查时是从外海向近岸进行的，123.3°E以外的海域温、盐变化不大，到达123.3°E附近时海况变差，温、盐变化无明显的规律。O_2/Ar从外海到近岸先有所增大，到达123.3°E附近时受较强风浪影响降低，然后到近岸又有所增大，在整个断面上O_2/Ar始终低于与大气平衡时的值。ln CO_2从外海到近岸先是变化不大，到达123.3°E时，海况较差，表层海水与底层高CO_2海水混合剧烈，CO_2信号值逐渐增大。

F断面位于福建省沿岸，台湾海峡北部，该断面温、盐从近岸到外海逐渐增大，Chl *a*从近岸到外海变化不大，O_2/Ar从近岸到外海略有增大，但低于与大气平衡时的值，并且与Chl *a*无明显相关性。ln CO_2从近岸到外海逐渐降低，可能是由于温度的影响。

FD断面是从F断面外海返回舟山所经过的航迹，从南到北，从外海到近岸温度逐渐降低，盐度先是略有降低，到近岸后盐度迅速降低。Chl *a*从南到北，从外海到近岸整体呈增大的趋势，在浙江沿岸受陆源输入影响较大的海区，Chl *a*浓度较高。O_2/Ar接近于与大气平衡时的值，但在整个断面上无明显的变化规律，和Chl *a*之间也无相关性。ln CO_2从南到北，从外海到近岸逐渐增大。

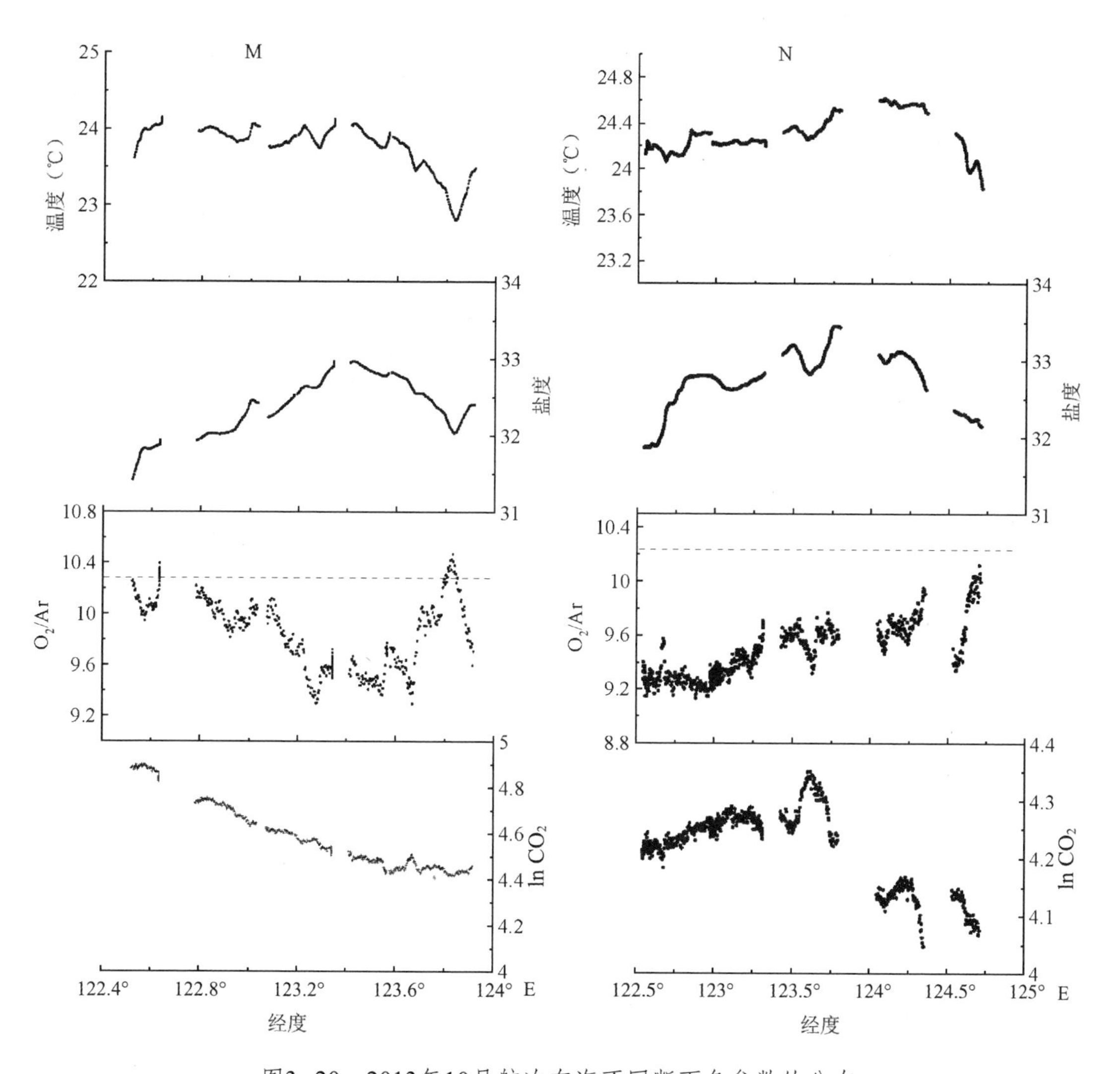

图3-20　2013年10月航次东海不同断面各参数的分布

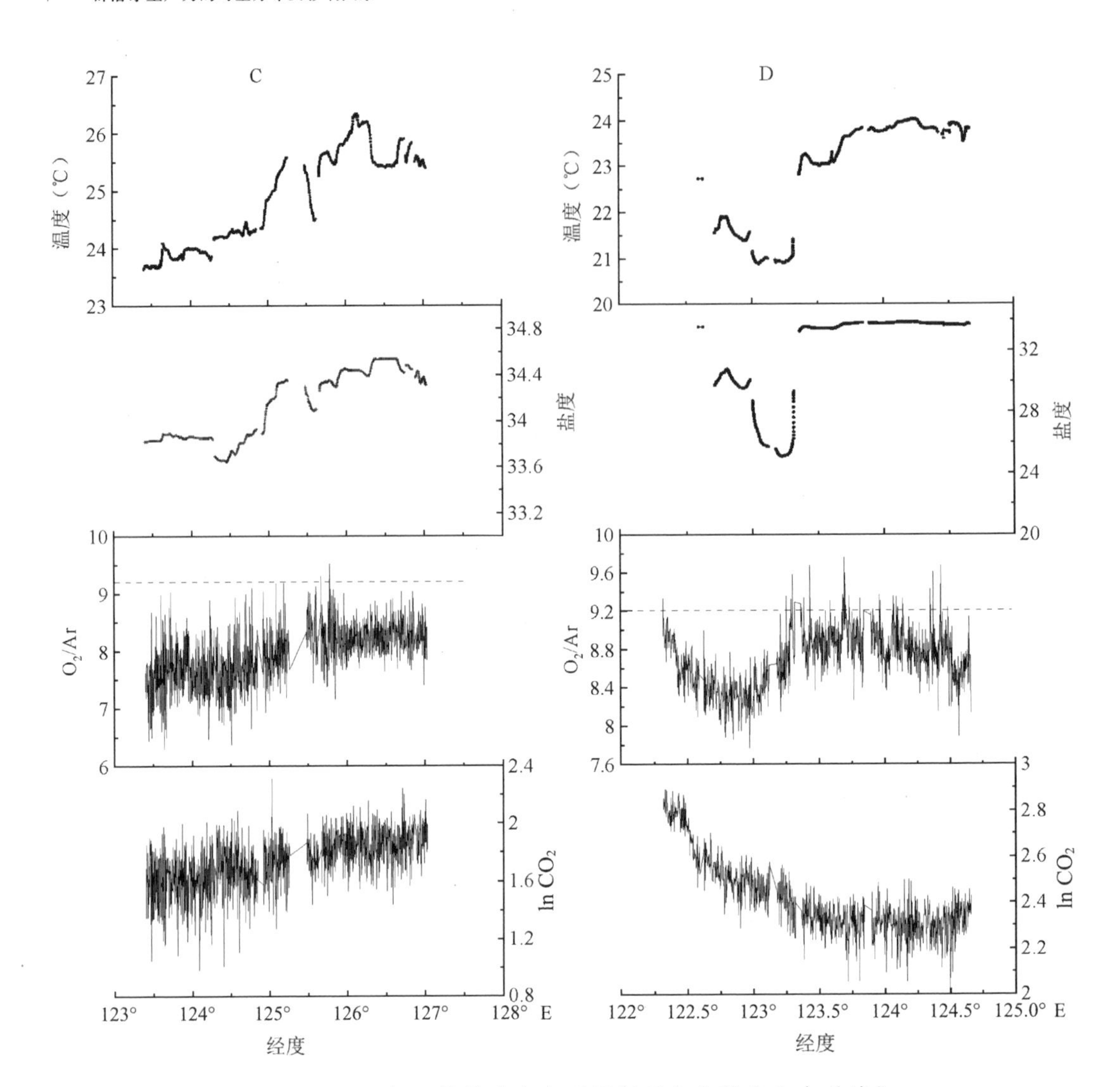

图3-20　2013年10月航次东海不同断面各参数的分布（续）

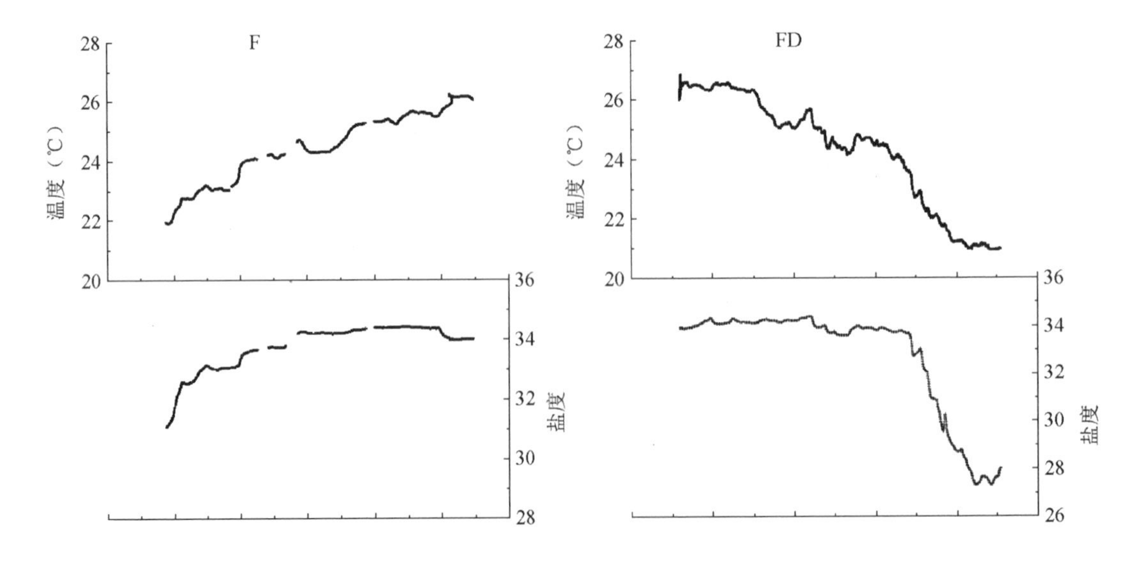

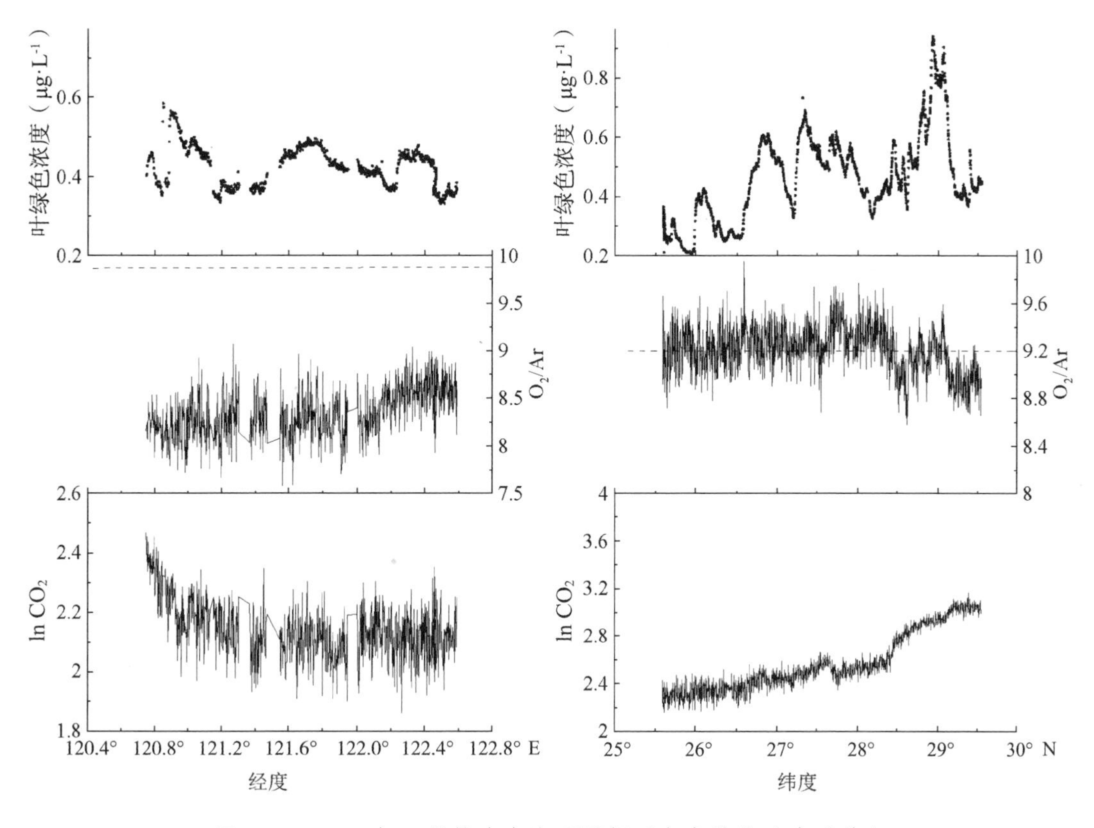

图3-20　2013年10月航次东海不同断面各参数的分布（续）

综上，2013年10月航次中O_2/Ar比值仅在长江口和FD断面部分海域接近或略高于与大气平衡时的值，其他各断面都远低于与大气平衡时的值。这主要是由于航次中多次受台风和寒流的影响，风浪较大导致强烈的海–气交换，使得海水中的气体处于不饱和状态，而其程度取决于离台风或寒流经过的时间的长短。因此，该航次中影响O_2/Ar分布的主要因素是物理过程，而生物因素对其影响不明显。另外，由于海况较差O_2、Ar和CO_2的信号值噪音较大。

3.5.3 各断面剖面图

该航次期间多次经历台风和寒流，海况较差，推断海水垂直混合和海气交换剧烈，图3-21给出几个代表性断面温度、盐度的剖面图，从中可以看到各断面温度从近岸到外海略有增大，盐度从近岸到外海逐渐增大。80 m以浅陆架区基本垂直混合均匀，温、盐变化不大，而深度超过80 m的海区，深层水仍层化均匀，表明在该航次中风浪导致的垂直混合可达约80 m深。

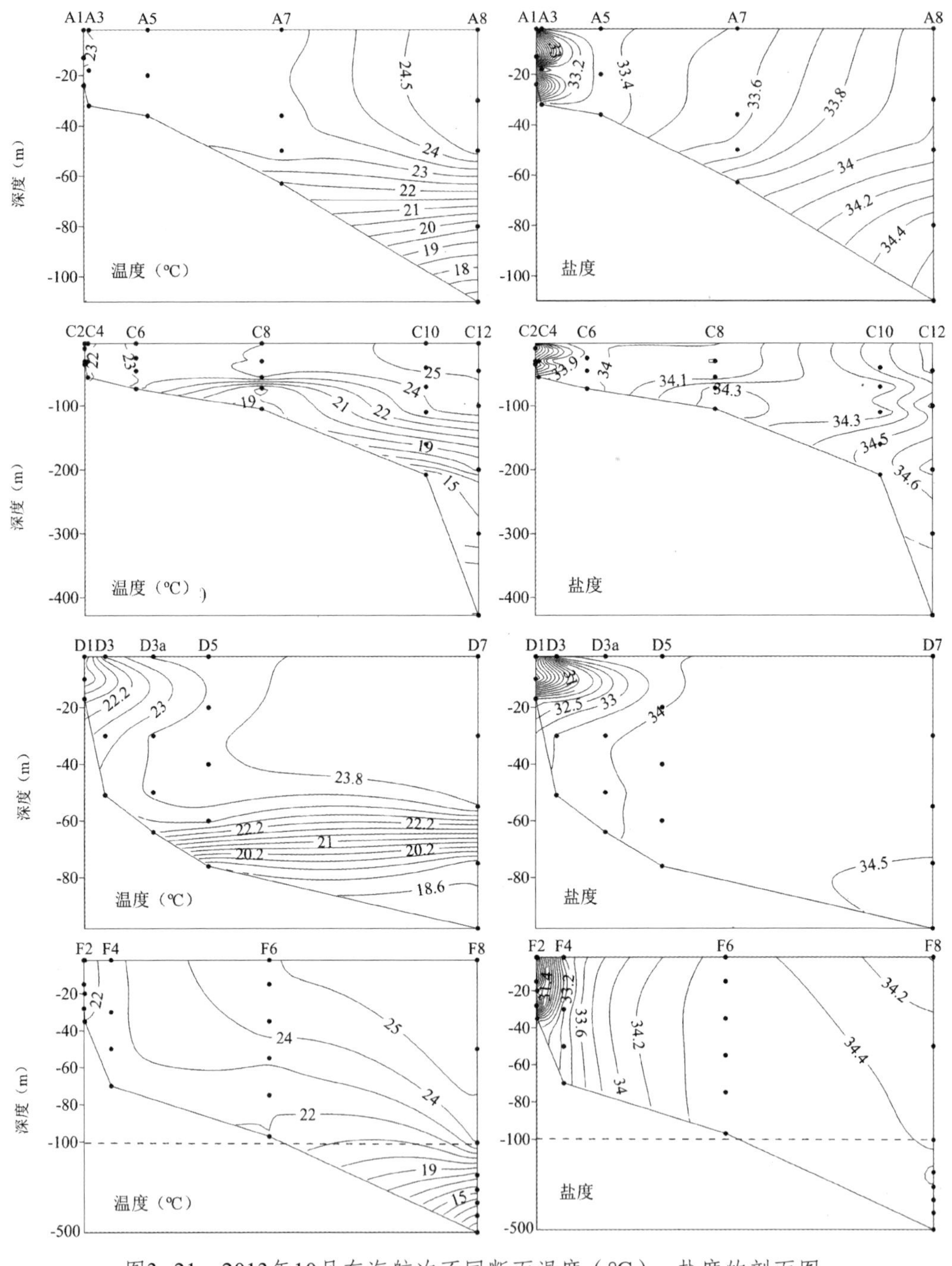

图3-21　2013年10月东海航次不同断面温度（℃）、盐度的剖面图

3.5.4 Δ（O_2/Ar）和NCP分布

2013年10月东海秋季航次期间东海的Δ（O_2/Ar）范围为−31.4%～22.4%，平均值为（−6.1±5.7）%，大部分海域Δ（O_2/Ar）都小于0，仅在长江口外面小部分海域有相对较高的生物氧过饱和度。为了验证这个结果，我们将走航过程中采集的溶解氧样品与通过温、盐计算的溶解氧的饱和度进行比较。首先定义了一个与Δ（O_2/Ar）类似的ΔO_2（根据Δ（O_2/Ar）的定义，将ΔO_2定义为：ΔO_2=（O_2/O_{2eq}−1），O_2为走航过程中测定的O_2浓度，O_{2eq}为在现场温、盐条件下与大气平衡时的浓度），走航过程中Δ（O_2/Ar）与ΔO_2的关系见图3−22，虽然二者无显著的相关性，但可以看Δ（O_2/Ar）与ΔO_2所反映的海水中氧的饱和度状况是一致的。另外，将CTD采集的表层海水的O_2浓度与对应的温盐计算的溶解氧的饱和度进行比较，结果显示，该航次表层海水大部分海域ΔO_2小于0，平均值为（−2.1±4.6）%，调查海域表层海水基本处于不饱和状态，说明我们得出的结果大部分调查海域Δ（O_2/Ar）小于0是可信的。

根据走航获得的Δ（O_2/Ar），结合区域平均风速，计算了秋季东海混合层中的群落净生产力，变化范围为−901～430 mmol·m^{-2}·d^{-1}，平均值为（−154±148）mmol·m^{-2}·d^{-1}。O_2/Ar比值法估算NCP是基于假设海水是稳态的前提下，假设海水混合层在一定时间段内是稳定的，忽略混合层底部和深层海水的垂直交换。通过前面的分析，本航次海况较差，风浪较大，海−气交换及海水垂直混合剧烈，是影响表层海水中O_2/Ar的最重要的因素，通过O_2和Ar比值归一化已不足以消除如此剧烈的物理过程的影响。在这种远远偏离假说的条件下，O_2/Ar比值法估算NCP具有较大的不确定性，会对NCP带来严重的低估。

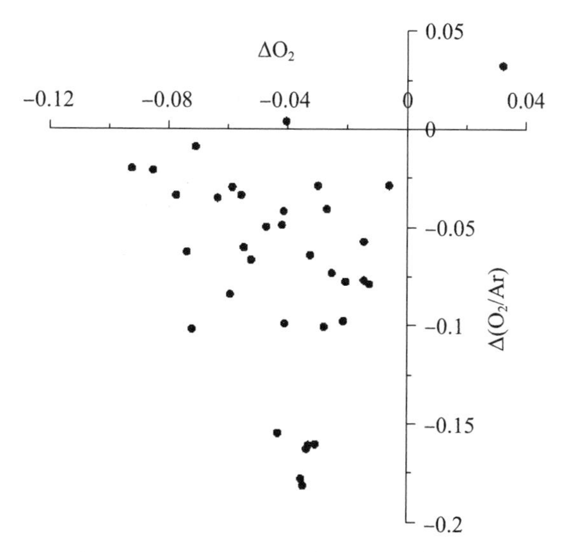

图3−22　Δ（O_2/Ar）与ΔO_2的关系图

3.6 小结

通过2013年对黄、东海海域进行的三个航次调查，获得了黄、东海O_2/Ar比值的时空分布格局，并估算了NCP，分析了其主要影响因素，主要结论如下：

2013年7月黄、东海表层海水O_2/Ar比值的范围为5.2～15.6，整体上从近岸到外海逐渐降低，O_2/Ar比值在长江口外存在低值区，主要是由上升流带入底层低氧海水造成的。表层海水Δ（O_2/Ar）的范围为−54.7%～36.0%。NCP的范围为−68～1 860 mmol·m^{-2}·d^{-1}。具体地说，黄海的NCP为（111±92）mmol·m^{-2}·d^{-1}，东海的NCP为（165±162）mmol·m^{-2}·d^{-1}，长江口的NCP为（259±159）mmol·m^{-2}·d^{-1}，黄海＜东海＜长江口。

2013年8月航次东、黄海O_2/Ar比值的范围为5.0～22.2，在长江口外部及浙闽沿岸相对较高，东海陆架区相对较低。Δ（O_2/Ar）范围为−57.2%～91.1%，平均值为（5.0±16.9）%，表明东海海域处于自养状态。NCP变化范围为−175～1 902 mmol·m^{-2}·d^{-1}。其中黄海的NCP为（92±264）mmol·m^{-2}·d^{-1}，浙闽沿岸的NCP为（298±234）mmol·m^{-2}·d^{-1}，东海陆架台风前的NCP为（13±36）mmol·m^{-2}·d^{-1}，东海陆架台风后的NCP为（−24±73）mmol·m^{-2}·d^{-1}，长江口的NCP为（166±533）mmol·m^{-2}·d^{-1}。

2013年10月航次东海Δ（O_2/Ar）范围为−31.4%～22.4%，平均值为（−6.1±5.7）%，区域大部分海域Δ（O_2/Ar）都小于0，仅在长江口外面小部分海域有相对较高的生物氧过饱和度。群落净生产力的变化范围为−901～430 mmol·m^{-2}·d^{-1}，平均值为（−154±148）mmol·m^{-2}·d^{-1}。由于该航次海况较差，风浪较大，海−气交换及海水垂直混合剧烈，使得表层海水中溶解气体处于严重不饱和状态，这种状况下O_2和Ar比值归一化已不足以消除如此剧烈的物理过程的影响，用该方法估算NCP具有较大的不确定性，会对NCP带来严重的低估。

影响黄、东海O_2/Ar比值的时空分布格局和NCP的主要因素有水文结构、生物活动、海水温度、营养盐等。夏季，O_2/Ar的分布与Chl *a*的变化趋势一致，与CO_2呈镜像分布，说明夏季该海域溶解氧主要受生物过程影响，而秋季物理因素如海−气交换和海水垂直混合是影响O_2/Ar比值和NCP的主要因素。

4 南海表层海水O_2/Ar比值分布和群落净生产力研究

南海是一个半封闭的深水海盆，其跨度为3°N ~ 23°37′ N，99°10′ E ~ 122°10′ E，总面积约3.5×10^6 km^2，平均水深约1 200 m，最深达5 420 m[133]。它主要通过台湾海峡、吕宋海峡（巴士、巴林塘海峡的总称）、民都洛海峡、巴拉巴克海峡、邦加海峡、加斯帕海峡、卡里马塔海峡和马六甲海峡分别与东海、西太平洋、苏禄海、爪哇海及印度洋相连。这些海峡水深在十几米至一百余米的范围内，只有吕宋海峡有约2 500 m深的海槛通向太平洋，是南海与大洋连通的唯一深水通道[134]。

南海处于亚热带季和热带风区，其气候变化主要受控于东亚季风，夏季主要受西南季风的影响，通常风速为3 ~ 5 $m \cdot s^{-1}$，冬季受东北季风控制，通常风速为8 ~ 11 $m \cdot s^{-1}$[135]。冬季风比夏季风强盛，南海的年平均风场偏冬季型[136]。除了北部沿岸以外，南海表层水温终年很高，分布比较均匀。夏季海域水温随离岸距离增加而增加，北部约为28℃，南部约为30℃，在海南岛东部，粤东以及越南沿岸，受西南季风引起的上升流影响，存在着低温区，大部分海区海水层化现象显著，上混合层的厚度通常只有30 ~ 50 m，冬季大部分海区表层水温仍高达24 ~ 26.5℃，南部大陆架区可高达27℃以上，陆架浅水区由于强烈的混合作用水温垂直分布均匀一致，但在深水区，上混合层厚度可约达75 m，温跃层的时空变化较大，但很少超过150 m[137，138]。

南海表层水团可分为沿岸水、陆架表层水（混合水）以及外海水[116]。南海沿岸有珠江、红河、湄公河等河流输入，与海水混合形成了具有低盐（<32.0）和低密度特征的沿岸水团，如广东沿岸水、北部湾沿岸水等。南海外海水团大都是从邻近的西太平洋水团经巴士海峡进入的，虽几经变性，仍具有大洋水团的一般特性，水团结构长年保持相对稳定，水文特征明显。

南海上层环流主要受东亚季风和与邻近海域环境的相互作用和水交换的驱动。受季风的影响，南海环流场特别是上层海洋的环流场结构具有明显的季节差异。一般来说，冬季盛行东北季风表现为气旋式环流，夏季盛行西南季风，北部表现为气旋式环流，而南部表现为反气旋式环流[136，139]。水交换主要是指北太平洋黑潮水通过吕宋海峡与南海的水交换。黑潮对南海环流的影响主要在北部，其影响途径主要有两种：通过吕宋海峡进入南海的净流量会导致一个环南海北部的气旋式环流，环流的西侧自东沙群岛至越南沿岸因Beta效应而强化，为东沙海流的一部分分量，然后流环以宽幅度方式离开越南沿岸向东流去，中心约在12°N，最终此净流汇集自民都洛海峡流出。由于西北太平洋上层水进入南海的方式不稳定，这个环流也可能会有较大波动，特别是北侧，此环流还会分离出来一部分流量沿广东沿岸陆架陆坡一带北上进入台湾海峡。若通过卡里马塔海峡往南的年平均流量也大，则此环流也会有一部分沿越南近岸南下。黑潮影响南海环流的另一种方式是通过其锋区正涡度向南海的平流输运效应。这种机制作用下在吕宋海峡至海南岛之间形成一个海盆尺度的周期约为160 d的流环，随着黑潮锋区正涡度的源源输入，流环的东侧会发展出一个气旋式中尺度涡，气旋中尺度涡形成后，它就西移并最终自流环剥离而耗损，伴随气旋涡的西移及剥离，并诱导出一个强度较弱的反气旋式中尺度涡[139]。

中尺度涡旋在南海常年存在，平均每年约有94个反气旋式的冷涡和124个气旋式的暖涡[140]。比较典型的中尺度涡还有越南冷涡等。夏季盛行西南季风时贯穿南海海盆的SW—NE走向的海流的北侧，分布着3个次海盆尺度的环流。靠近中南半岛沿岸的环流为气旋式的，被称之为越南冷涡，其北侧可达16°N，东侧可达112°E，其中心大约位于13°N，109.5°E。在越南冷涡的东北侧是一半封闭的反气旋环流，此环流实质上是从贯穿南海海盆的海流中分离出来，以反气旋的形式又返回到海流的主轴中。在此半封闭反气旋环流的东北侧，还存在一较弱的气旋式环流，其中心大约位于18.5°N，115.5°E，东西方向较长，大约跨3个经度（114°~117°E），南北方向较短，大约跨1.5个纬度（18°~19.5°N）[136]。夏季南海南部海域主要受反气旋环流控制，称为南沙反气旋，它的范围比较大，几乎占据了南海南部海域一半的面积，大体分布在4°~10.5°N，109°~114°E的范围内。东南沙反气旋在夏季比春季弱，但位置与春季差不多，在巴拉望岛的西南沿岸[141]。Hu等[142]报道，2010年5月份南海上层海水同时有多个涡流存在，其中就包括吕宋涡流和越南冷涡。这些涡流大大加强了海水的垂直混合，有利于深层海水向上层海水输送营养盐，对海区的初级生产力有着重要的影响[142-146]。

4.1 材料与方法

于2014年6月16日~7月18日搭乘“东方红2”调查船对南海进行了调查，调查区域及站位见图4-1。该航次分为2个航段，第一航段6月16日自厦门出发，主要调查海南岛以东的南海北部海域，于7月1日停靠三亚；第二航段于7月4日自三亚出发，主要调查18°N以南海域，航次结束后于7月18日返回厦门。调查期间利用膜进样质谱仪（MIMS）连续走航测定了表层（~5 m）海水中O_2、Ar、CO_2等气体及相应的温度、盐度（RBR-420）、叶绿素（Turner desigens，10-AU-005-CE）等参数。本航次是将潜水泵固定到船底抽取表层海水，具体装置流程参见2.2节。O_2信号值用Winkler滴定法及鼓泡平衡法校正，CO_2在质荷比为44处的信号值用CO_2标准气体（200×10^{-6}，400×10^{-6}，800×10^{-6}）鼓泡48 h的海水校正，叶绿素通过过滤水样冷冻带回陆地实验室用标准方法测定校正（详见2.4节）。走航GPS及气象数据来自于船载自动气象站（Young，美国）。NCP的计算方法见3.2节。

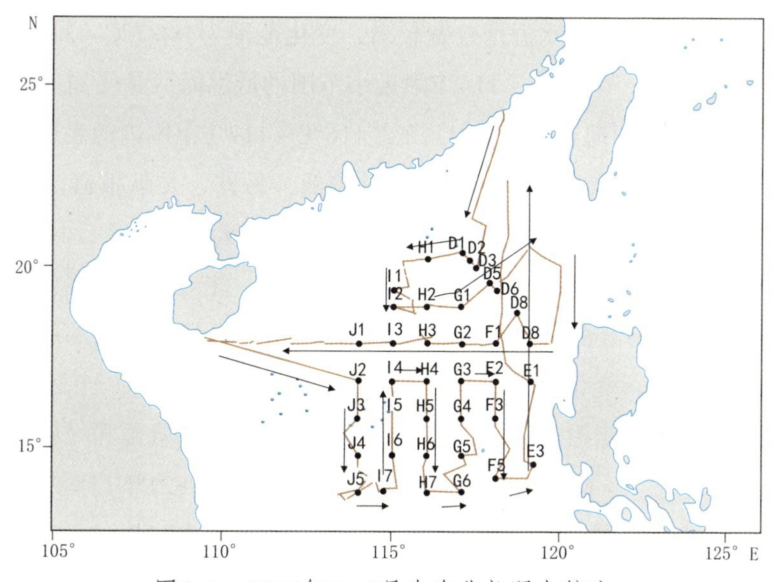

图4-1　2014年6~7月南海北部调查航迹

4.2 气象条件

2014年6月16日~7月18日南海航次期间，气温普遍较高，范围为25.43~32.88 ℃，低温主要出现在自厦门经台湾海峡到南海21°N以北航段，这主要是由于该航段开始前一天台风“海贝思”刚在广东汕头沿岸登陆，影响到该海域，带来大范围的降雨和降温。该时间段内风速的范围为4.58~17.30 $m\cdot s^{-1}$，从近岸到外海逐渐减弱。另一个风速较高的海区为118.2°E这个南北方向的断面上（17.2°~22.4°N），主要是由于台风“威马逊”即将到达该区域，该时间段内风速的范围为10.36~18.17 $m\cdot s^{-1}$，平均值为（14.70±1.64）$m\cdot s^{-1}$。

4.3 大面分布

图4-2是2014年6～7月份南海航次T、S、O_2/Ar、Chl a、ln CO_2等各参数的大面分布图。第一航段是从厦门到三亚，调查期间表层海水温度变化范围为24.74℃～30.42℃，平均值为（28.73±1.20）℃。随着航次的进行，表层海水温度逐渐升高，与气温变化趋势基本一致，这主要是由于航次开始前有台风影响到该海域，随着调查时间的推移表层海水温度逐渐恢复。第二航段（自三亚出发，主要调查18°N以南南海中部海域，然后返回厦门）表层海水温度普遍较高，变化范围为28.87℃～31.00℃，平均值为（30.01±0.36）℃。在14°N，114°E附近小范围的低温海区是受到反气旋式越南冷涡的影响[142]，而在北纬14°N～17°N，东经116°E～119°E范围内的表层低温是由于经过该区域时有降雨，对应的大气温度也相对较低，另外，文献报道该区域存在气旋式涡流[142]。第一航段盐度自厦门向南迅速从27.47增大到33以上，18°N以北表层海水盐度变化范围为32.90～34.07，平均值为33.5±0.22，主要是由西北太平洋上层高盐水经吕宋海峡进入南海经混合后形成南海表层海水[147]。18°N以南的南海中部表层海水盐度明显低于北部，变化范围为32.17～33.68，平均值为33.12±0.27。在越南冷涡影响到的海区，由于水团抬升的影响盐度明显较高。而受到降雨和气旋暖涡影响的海域盐度普遍低于33[142]。Chl a自厦门近岸向南逐渐降低，在21°N以南的南海调查海域Chl a浓度变化不大，范围为0.01～1.77 μg·L^{-1}，平均值为（0.10±0.1）μg·L^{-1}，与已报道的2010年5月份南海的Chl a数值相当（0.11±0.05）μg·L^{-1}[142]。表层海水中O_2/Ar比值的变化范围为9.8～12.0，平均值为11.2±0.6，从北到南逐渐增大，与温度变化基本一致，在受到涡流影响的海域，O_2/Ar比值相对较高。在海南南部近岸海域，由于受上升流的影响，有一个O_2/Ar比值的低值区。ln CO_2的变化范围为1.2～2.0，平均值为1.5±0.1。另外，在16°N，115°E附近的小范围海区内低温、高盐、高Chl a、低O_2/Ar比值、高ln CO_2，表明该海区可能存在一个小范围的冷涡。

考虑白天和夜晚光照对浮游植物光合作用的影响，将所有数据按照6:00～19:00为白天，19:00～6:00为夜晚进行了统计分析，白天获得的数据量是夜晚的1.16倍，O_2/Ar的平均值分别为11.2±0.6和11.3±0.6，ln CO_2的平均值均为1.5±0.1，昼夜对O_2/Ar和ln CO_2无明显的影响。

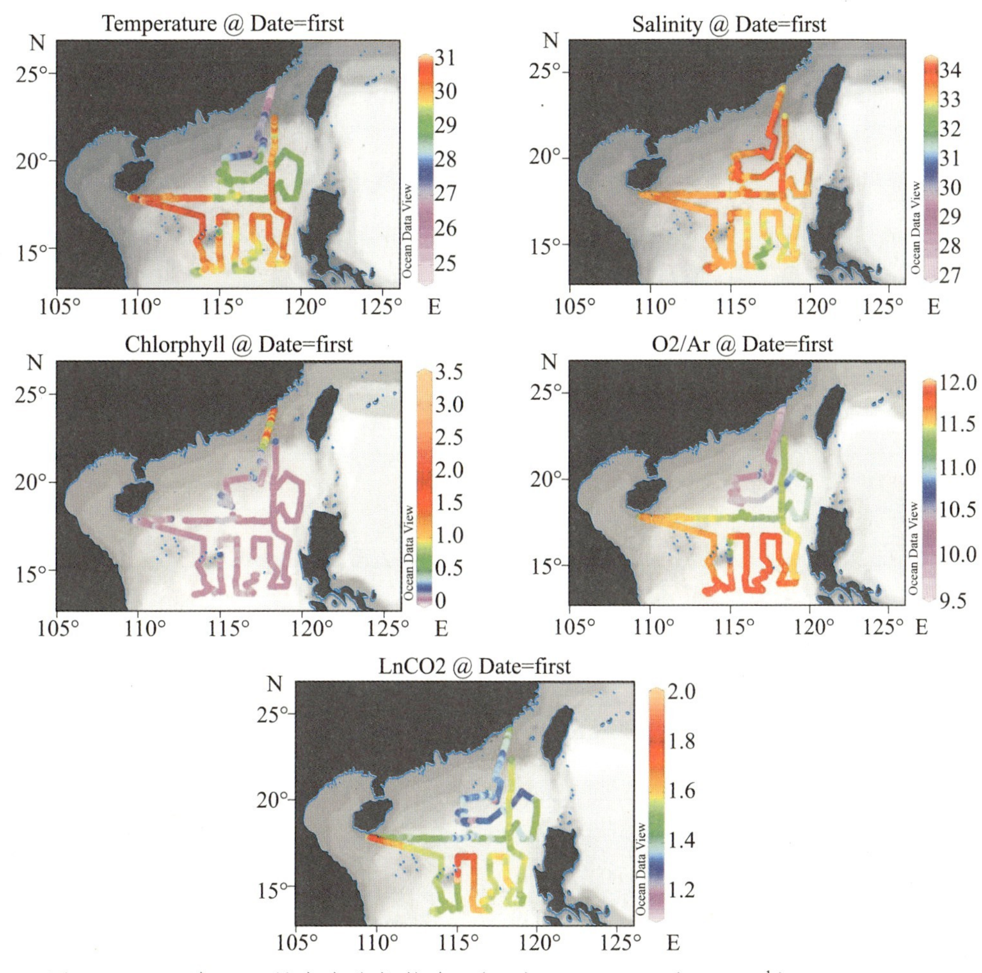

图4-2　2014年6～7月南海北部航次T（℃）、S、Chl a（$\mu g \cdot L^{-1}$）、O_2/Ar、ln CO_2等参数的大面分布

4.4 断面分布

2014年6～7月南海不同断面各个参数的具体分布如图4-3所示。X断面是自厦门向南到南海陆坡航段，表层海水温度从近岸到外海逐渐增大（从24.5°N到21°N），盐度自27.47迅速增大到33，向外海略有增加但变化不大。叶绿素浓度在近岸相对较高，无明显变化规律，到外海迅速降低。表层O_2/Ar在23°N以北海域与Chl a变化趋势基本一致，并且二者有较好的相关性（［O_2/Ar］=0.36［Chl a］+ 9.27，r^2=0.70），在23°N以南海域Chl a浓度迅速降低，但O_2/Ar逐渐升高。ln CO_2与O_2/Ar比值分布趋势正好相反，在整个断面上ln CO_2与O_2/Ar呈较好的负相关（［O_2/Ar］=−2.70［ln CO_2］+13.66，

r^2=0.74），表明近岸海区O_2/Ar比值分布主要受生物过程的控制。

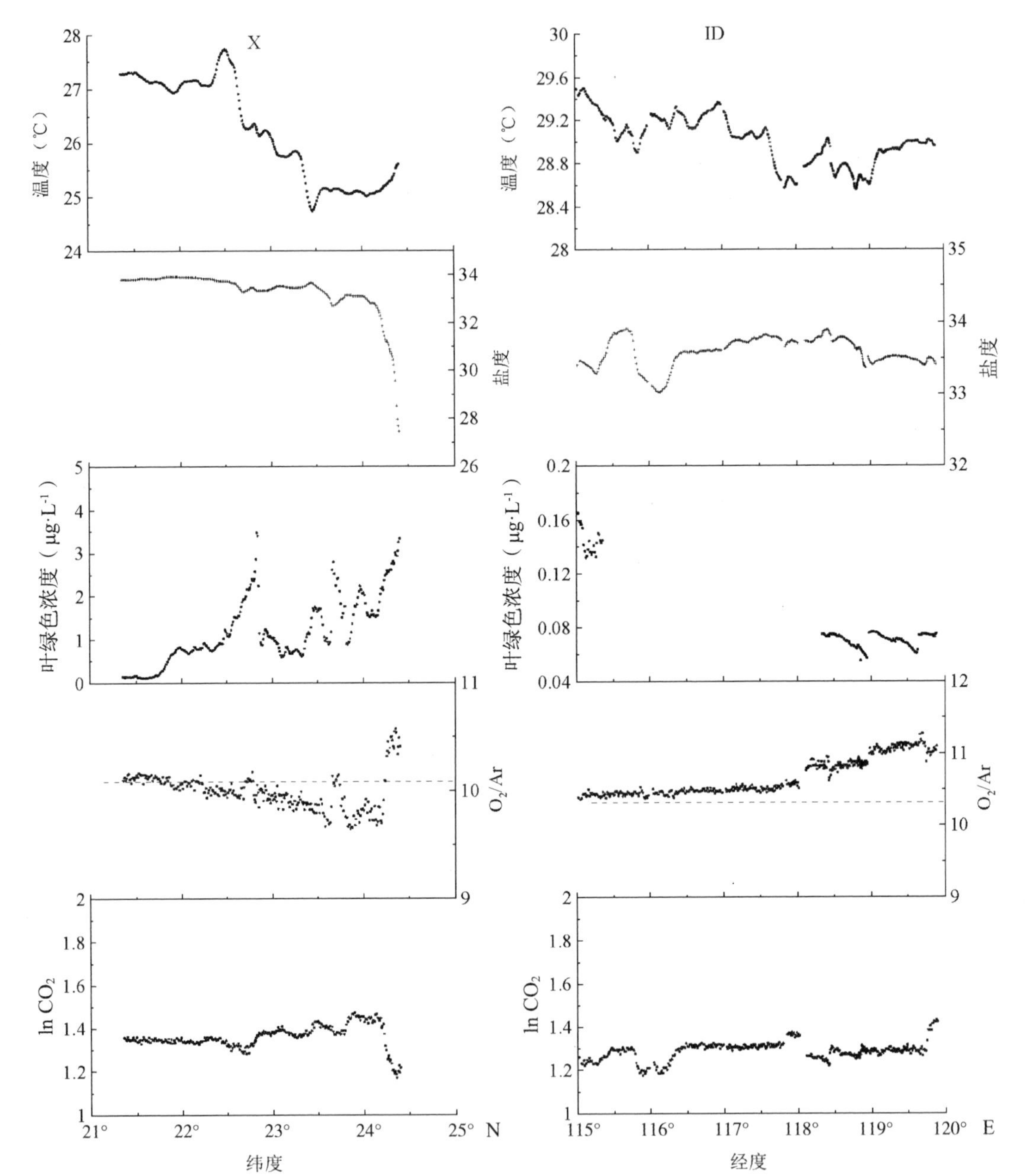

图4-3 2014年6～7月南海不同断面各个参数的分布

从I2经H2、G1、D5至120°E的航段记为ID，该航段从6月20日21:00至23日15:00共计四天。由于不同航段采集时间比较离散，温度从西向东呈波浪式变化，整体是降低的趋势，到117.5°E附近，可能是受到吕宋涡流的影响，温度迅速降低，到119°E附近由于受到沿岸流的影响，温度有所增加。盐度在115°E～116°E之间存在相对高值，同时对应着温度的相对低值，表明该区域可能存在上升流。自117°E向东受高盐北太平洋黑潮海水影响越来越大，盐度有所增加，但变化不大，到119°E附近由于受到沿岸流的影响，盐度降低。该断面表层O_2/Ar从西到东逐渐增大，而整个断面ln CO_2变化不大。该断面O_2/Ar与ln CO_2无明显的相关性。但在115°E—116°E之间，ln CO_2与温度呈较好的负相关（［ln CO_2］=−0.15t+5.75，r^2=0.72），与盐度呈较好的正相关（［ln CO_2］=0.13t–2.99，r^2=0.79），进一步说明该区域有冷涡上升流存在。

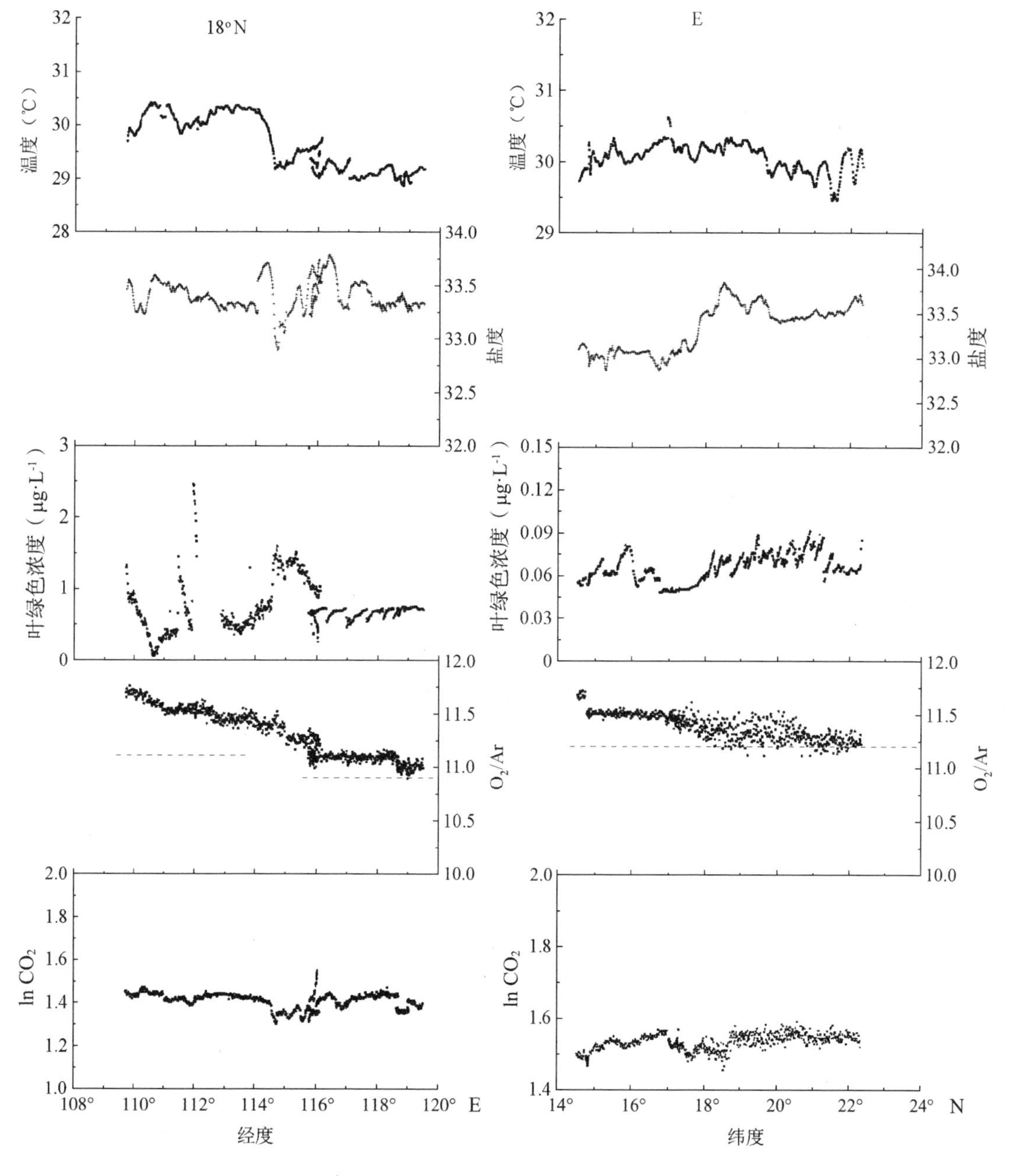

图4-3　2014年6～7月南海不同断面各个参数的分布（续）

在18°N断面上，以114°E为界，西部表层海水温度整体高于东部。盐度在整个断面上变化范围不大，在114°E—117°E的范围内有明显的波动，主要是由于在114°E—117°E、18°N—19.5°N范围内有气旋式环流的存在[136]。Chl *a*在海南近岸和114°E—116°E之间有环流存在的海域浓度相对较高，O_2/Ar从西向东逐渐降低，但都高于平衡O_2/Ar比值，并且与大气平衡后的海水的O_2/Ar比值东部比西部高，这主要是由于在18°N、116°E附近做站时间较长，前后大气压变化较大。ln CO_2在114°E—116°E相对较低，其他区域变化不大。

E断面是从E3到E1（119°E），再经118°E返航的一段航迹。从南到北温度变化不大，主要在29.45 ~ 30.63 ℃之间波动，到20°N以北，温度有所降低。盐度在17.5°N以南海域变化不大，向北逐渐增大，这一方面是由于从离岸越来越远，盐度增大，另一方面，北部受到西北太平洋黑潮海水入侵的影响，盐度普遍比南海南部高。在整个断面上，Chl *a*浓度变化不大。O_2/Ar从南至北逐渐降低，ln CO_2在17.5°N以南随着O_2/Ar降低有所升高，18.5°N以北与O_2/Ar变化趋势一致，二者无明显的相关性。另外，由于台风“威马逊”即将到达该区域，随着海况变差，O_2/Ar和CO_2信号的噪音变大。

从J2到J5的连续航段记为J断面，表层海水温度从南向北逐渐增大，整个断面盐度、Chl *a*变化不大。表层O_2/Ar自14°N到15°N之间逐渐降低，15°N以北变化不大，ln CO_2在整个断面上自南向北略有增大，O_2/Ar与ln CO_2呈较好的负相关（［O_2/Ar］=−2.78［ln CO_2］+15.95，r^2=0.43）。

从H4到H7的连续航段记为H断面，表层海水温度呈波浪式变化，盐度、Chl *a*在整个断面上变化不大。在整个断面上O_2/Ar从南向北逐渐降低，ln CO_2上南向北略有增大，O_2/Ar与ln CO_2呈一定的负相关（［O_2/Ar］=−1.07［ln CO_2］+13.56，r^2=0.29），与Chl *a*无明显的相关性。

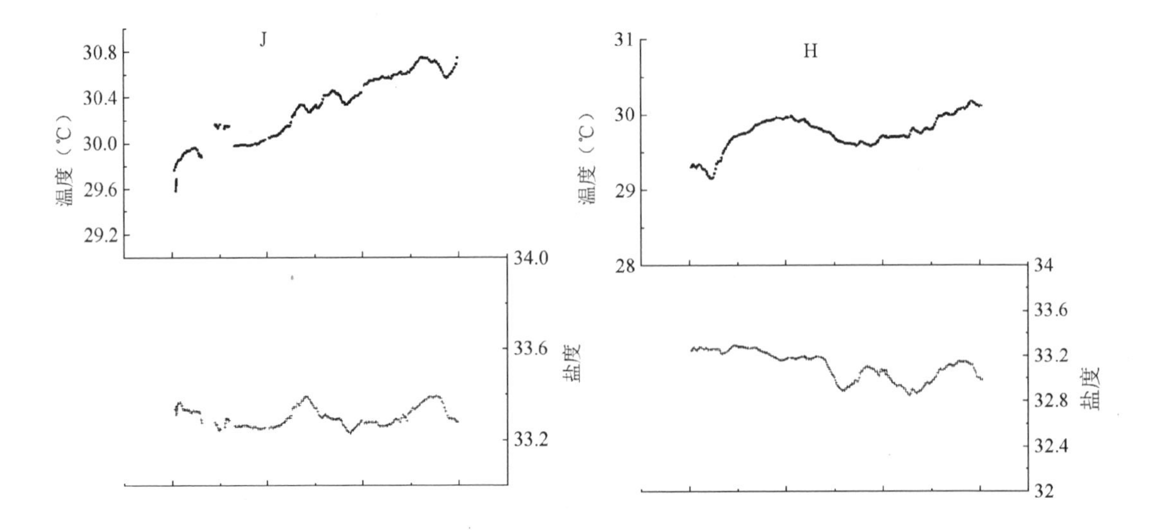

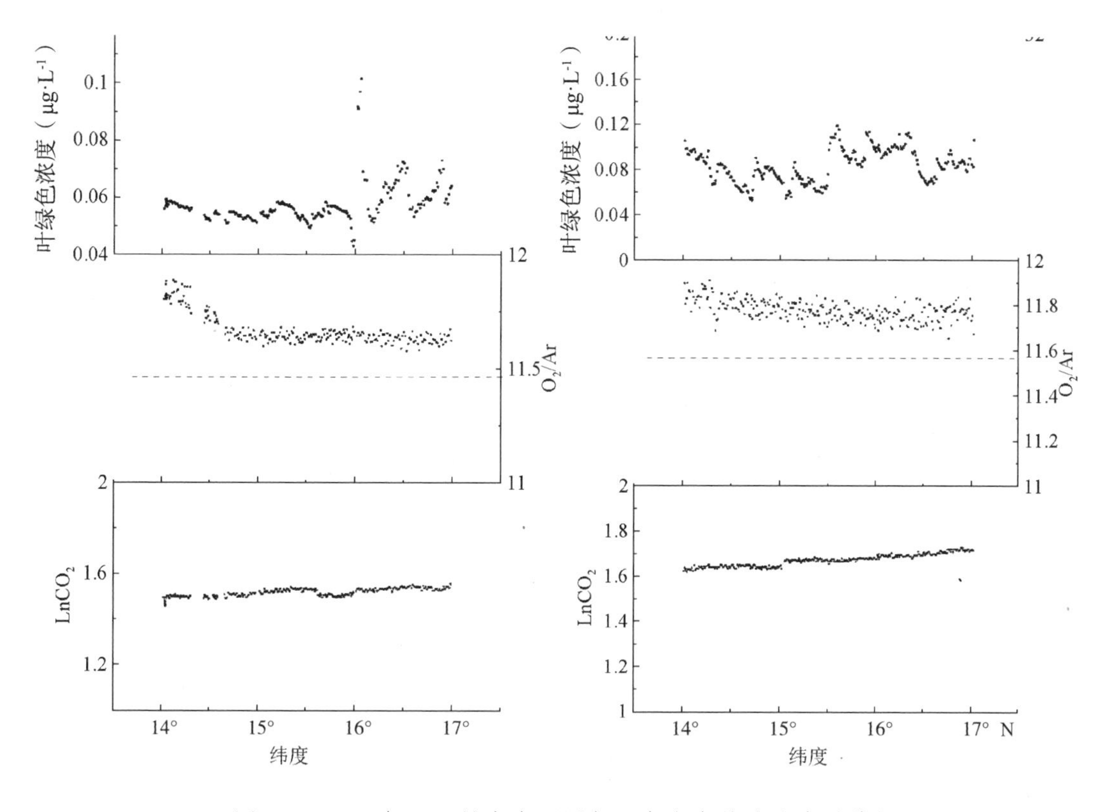

图4-3　2014年6～7月南海不同断面各个参数的分布（续）

4.5 Δ（O_2/Ar）和NCP分布及其影响因素

2014年6～7月南海航次期间表层水体的Δ（O_2/Ar）变化不大，范围为−6.2%～7.5%，平均值为（2.0±1.7）%，明显低于夏季黄、东海的Δ（O_2/Ar），Δ（O_2/Ar）的低值区主要分布在从厦门经台湾海峡南端至南海陆架海域，主要是由于调查前一天刚有台风在该海域经过，Δ（O_2/Ar）高值分布在越南冷涡和吕宋涡流影响到的海域，而在14°～17°N，116°～119°E受到涡流影响的海区，Δ（O_2/Ar）也相对较高。整个南海其他海域基本处于轻微过饱和状态，表明南海海域处于自养状态。根据Δ（O_2/Ar），结合区域过去两周的平均风速，计算了南海混合层中的群落净生产力。在整个航次中NCP的变化范围为−265～250 mmol·m^{-2}·d^{-1}，平均值为（52±55）mmol·m^{-2}·d^{-1}。另外，我们将用过去两周内日平均风速加权平均法计算出的气体交换速率k和用当日平均风速计算的气体交换速率k_1进行了对比，二者之间的关系为：k=0.49×k_1+10.16，r^2=0.55。用日平均气体交换速率计算的NCP变化范围为−296～253 mmol·m^{-2}·d^{-1}，平均值为（48±57）mmol·m^{-2}·d^{-1}，二者相差不大。根据误差的传递性估算该航次NCP的不确定性约为±13%。

图4-4给出了2014年6—7月航次Δ（O_2/Ar）、NCP与其他各参数的关系。整个航次中，Δ（O_2/Ar）、NCP与温度、盐度、Chl *a*、ln CO_2等并无明显的相关性，但4.4节断面分布结果显示，仅在部分有上升流或涡流的海域O_2/Ar与温度、盐度、Chl *a*、ln CO_2有较好的相关性，表明南海表层海水NCP影响因素复杂。

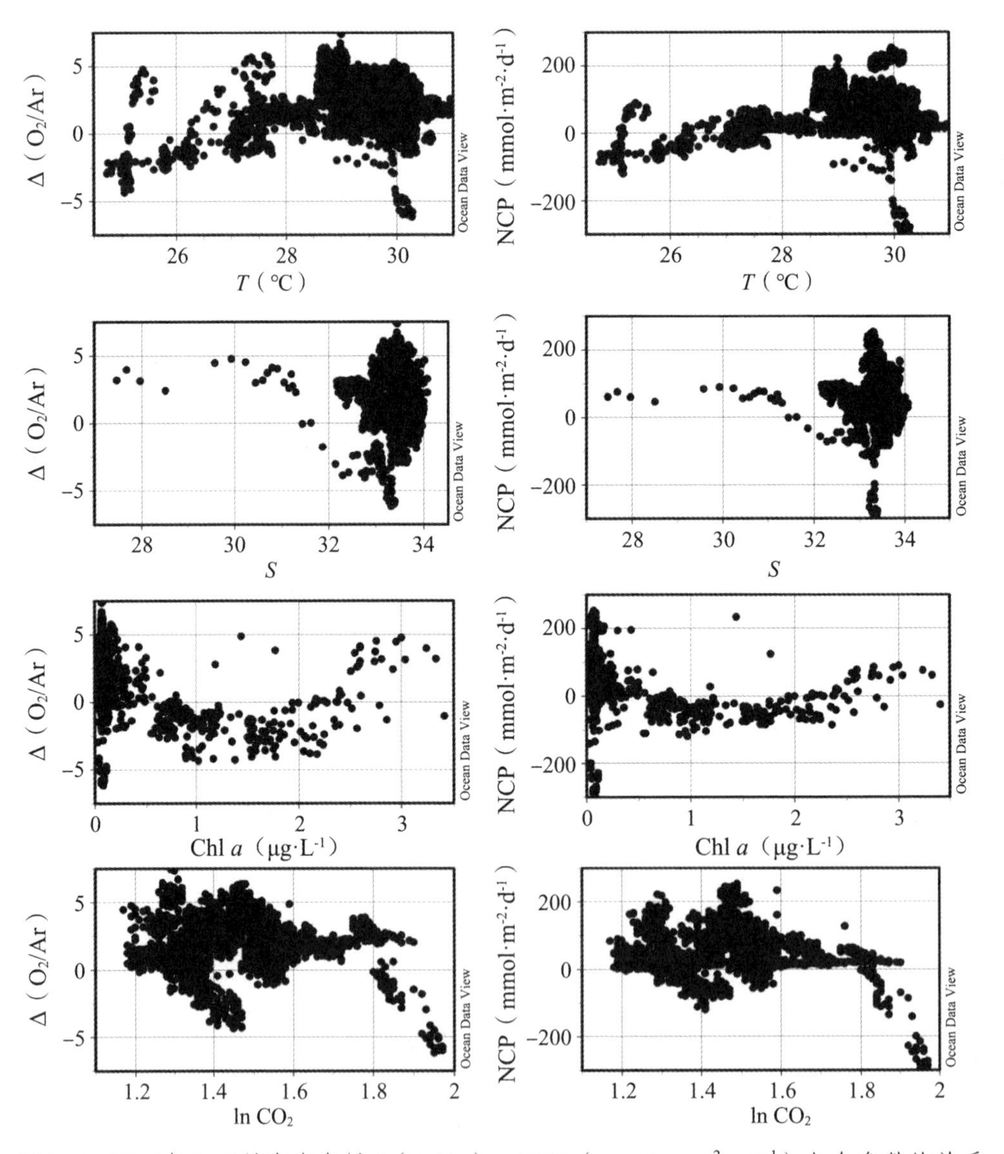

图4-4　2014年6—7月南海表层Δ（O_2/Ar）、NCP（mmol·m^{-2}·d^{-1}）与各参数的关系

南海是一个典型的寡营养盐的海区，生物量和初级生产力都较低[84, 144]，在开阔的南海海区初级生产力通常是受到N的限制。在近岸陆地径流（如湄公河、珠江）可以向南海输送大量的营养盐，而在开阔的南海海区一些物理过程如台风、上升流、中尺度涡流、海洋内波等都会加强海水的垂直混合，向上层海水输送营养盐[143-145]。Liu等[148]用卫星海色遥感估算南海春季平均生产力为354 mg · m^{-2} · d^{-1}（29.5 mmol · m^{-2} · d^{-1}）。Ning等[144]报道夏季南海初级生产力为94.5 ~ 1 305.8 mg · m^{-2} · d^{-1}（7.9 ~ 108.8 mmol · m^{-2} · d^{-1}），冬季南海初级生产力为145.8 ~ 1 605.5 mg · m^{-2} · d^{-1}（12.2 ~ 133.8 mmol · m^{-2} · d^{-1}），并认为南海主要受P限制，冷涡流上升流向表层海水输入大量的营养盐，有利于浮游植物的生长。Chen等[84]报道，春季南海初级生产力为0.24 ~ 0.99 g · m^{-2} · d^{-1}（20 ~ 83 mmol · m^{-2} · d^{-1}），秋季南海初级生产力为0.15 ~ 0.61 g · m^{-2} · d^{-1}（13 ~ 51 mmol · m^{-2} · d^{-1}）。Chen等[149]报道，2003年夏季南海陆架斜坡区初级生产力为（0.82±0.53）g · m^{-2} · d^{-1}［（68±44）mmol · m^{-2} · d^{-1}］，海盆区为（0.34±0.13）g · m^{-2} · d^{-1}［（28±11）mmol · m^{-2} · d^{-1}］，2004年夏季南海陆架斜坡区初级生产力为（0.87±0.26）g · m^{-2} · d^{-1}［（73±22）mmol · m^{-2} · d^{-1}］，海盆区为（0.37±0.14）g · m^{-2} · d^{-1}、［（31±12）mmol · m^{-2} · d^{-1}］，2004年冬季南海陆架斜坡区初级生产力为（0.82±0.04）g · m^{-2} · d^{-1}［68±3 mmol · m^{-2} · d^{-1}］，海盆区为（0.53±0.21）g · m^{-2} · d^{-1}［（44±18）mmol · m^{-2} · d^{-1}］，近岸主要是受N限制，海盆区同时受N和P限制，河流输入、台风、涡流、上升流等海水垂直混合是上层水体营养盐的主要来源。Hu[142]报道，南海初级生产力为117.12 ~ 899.76 mg · m^{-2} · d^{-1}［9.76 ~ 74.98 mmol · m^{-2} · d^{-1}］，其中冷涡、热涡和没有涡流的海区的初级生产力分别为635.74 mg · m^{-2} · d^{-1}、316.86 mg · m^{-2} · d^{-1}和383.15 mg · m^{-2} · d^{-1}，这主要是由于冷涡上升流向透光层带来大量的营养盐，有利于浮游植物的生长，而热涡区，温盐下沉，表层营养盐几乎耗尽，限制了浮游植物的生长。综上，夏季南海初级生产力的范围为7.9 ~ 108.8 mmol · m^{-2} · d^{-1}，根据已报到的混合层海水NCP/GPP比值范围（–4% ~ 67%）估算长南海NCP约为73 mmol · m^{-2} · d^{-1}，本航次调查结果在估算范围内。营养盐是影响南海初级生产力的主要因素，中尺度的漩涡等物理因素加强了海水垂直混合，向透光层中输入大量营养盐，有利于浮游植物的生长。鉴于群落净生产力与初级生产力有着密不可分的关系，因此也可以说南海群落净生产力的主要影响因素是营养盐的限制。

目前对南海NCP研究较少，主要集中在POC通量的研究上。Chou等[75]报道南海北部群落净生产力−4.47 mmol · m^{-2} · d^{-1}。王娜等[18]采用黑白瓶培养法测定了2012年夏季台湾海峡及南海北部的变化范围为−179.0 ~ 377.6 mmol · m^{-2} · d^{-1}

（中值为−40.4 mmol·m^{-2}·d^{-1}）。而已报到的南海POC通量范围为4.14～34.94 mmol·m^{-2}·d^{-1}[45, 68, 71, 72]，明显比本研究测得的NCP低，二者之间的差异主要是DOC。Chen等[71]研究指出，冷涡会提高上层海洋（0～75 m）的群落净生产力，但是高的群落净生产力主要以DOC的形式储存在上层，而没有以POC的形式输出。Cai等[151]在南海南部通过营养盐通量估算的新生产力与通过钍估算的POC输出通量结果不一致，前者显著高于后者，认为可能是有相当一部分生产力的输出是以溶解有机物的形式。Hung等[47]也提出南海DOC的垂直通量不能被忽略，DOC的垂直通量占总有机碳通量的60%～95%。总之，目前我们对南海上层NCP的认知依然相当有限，相关的研究有待于进一步深入。

我国陆架边缘海水文环境复杂，NCP分布具有较大的时空差异性。就目前结果而言，夏季NCP在长江口最高，黄、东海次之，南海相对较低，测定结果均在通过初级生产力估算的范围之内，也在已报道的世界海洋NCP范围之内。如Cassar等[56]报道，亚南极海区NCP为31 mmol·m^{-2}·d^{-1}。Hahm等[82]报道南极洲阿蒙森海冰间湖区2011年1月NCP为（119±79）mmol·m^{-1}·d^{-1}，2012年2月NCP为（23±14）mmol·m^{-1}·d^{-1}。Huang等[80]报道南大洋南极半岛附近海域NCP为−3～76 mmol·m^{-1}·d^{-1}。但由于目前关于我国陆架边缘海群落净生产力的研究较少，航次季节分布不均，并且仅仅通过几个航次的结果还难以给出定性规律，对NCP的时空分布规律及影响因素的认识依然相当有限，因此在今后研究中，必须获取更大范围、不同季节、不同区域的NCP分布。

4.6 小结

通过2014年6—7月南海航次的调查分析，得出结论如下：

夏季南海的Δ（O_2/Ar）变化范围为−6.2%～7.5%，平均值为（2.0±1.7）%，说明南海海水处于自养状态。NCP的变化为−265～250 mmol·m^{-2}·d^{-1}，平均值为（52±55）mmol·m^{-2}·d^{-1}。NCP与Δ（O_2/Ar）分布趋势基本一致。

营养盐是影响南海NCP的主要因素，中尺度的漩涡等物理因素增强了海水垂直混合，向透光层中输入大量营养盐，有利于浮游植物的生长，对群落净生产力的分布有重要的影响。

5 结论与展望

5.1 结论

本书详细介绍了利用膜进样质谱仪（MIMS）连续走航高频率同时测定O_2、Ar和CO_2等多种气体的方法，并通过2013年三个航次对黄、东海海域进行的调查和2014年6～7月份对南海的调查，初步认识了我国陆架边缘海O_2/Ar比值的时空分布格局，估算了NCP，分析了其主要影响因素，对深入认识生物泵对海洋碳汇的影响有重要意义。主要结论如下：

夏季东、黄海表层海水O_2/Ar比值的范围为5.2～15.6，Δ（O_2/Ar）的变化范围为−57.2%～91.1%，其低值主要分布在长江口外有上升流的海区和东、黄海陆架，而受长江冲淡水影响的海域以及浙闽沿岸附近Δ（O_2/Ar）较高；初步估算出夏季东、黄海混合层群落净生产力的变化范围为−175～1 902 mmol·m^{-2}·d^{-1}，其分布趋势为长江口>黄海>东海陆架；东、黄海表层海水整体上处于自养状态。

秋季东海表层海水Δ（O_2/Ar）范围为−31.4%～22.4%，平均值为（−6.1±5.7）%，调查区域大部分海域Δ（O_2/Ar）都小于0，仅在长江口外面小部分海域有相对较高的生物氧过饱和度。群落净生产力的变化范围为−901～430 mmol·m^{-2}·d^{-1}，平均值为（−154±148）mmol·m^{-2}·d^{-1}。

夏季南海表层海水Δ（O_2/Ar）变化范围为−6.1%～7.5%，高值主要出现在有涡流影响的海区；初步估算出夏季南海混合层群落净生产力为（52±55）mmol·m^{-2}·d^{-1}，表明南海表层海水处于自养状态。

影响表层海水O_2/Ar比值和群落净生产力时空分布格局的主要因素有水文结构、生物活动、海水温度、营养盐等；夏季，黄、东海O_2/Ar的分布与Chl *a*的变化趋势一致，与CO_2呈镜像分布，说明夏季该海域溶解氧主要受生物过程影响，而秋季物理因素如海气交换和海水垂直混合是影响O_2/Ar比值和群落净生产力的主要因素；营养盐是影响南海群落净生产力的主要因素，中尺度的漩涡等物理因素增强了海水垂直混合，向透光层中输入大量营养盐，有利于浮游植物的生长，对群落净生产力的分布有重要的影响。

5.2 展望

综上所述，NCP代表了从表层海水向深层海洋输送的最大有机质量，对认识全球碳循环和预测全球气候变化趋势有重要作用。O_2/Ar比值法能够提供NCP高分辨率的时空分布格局，被广泛应用于NCP估算。目前NCP的计算模型还存在一定误差，尽管科学家们从不同角度对其进行定量和校正，但还没有达成统一的被广泛接受和认可的校正方法，未来还需要开展大量的探索和研究工作：

（1）在定义NCP时忽略垂直混合和水平输送，而实际上表层海水中Δ（O_2/Ar）是物理过程和生物过程共同作用的结果，在某些区域一定的时间段内（如上升流海区、台风影响海区），表层海水中O_2的浓度受垂直混合作用影响明显。虽然目前有科学家通过N_2O方法对垂直混合进行校正[101]，但该方法应用还不普遍，还可以从其他角度开展进一步工作，如结合物理海洋数值模型进行模拟研究，或通过相应的物质输送扩散方程进行计算，然后与实际观测进行对比。

（2）用O_2/Ar比值法计算NCP时认为混合层是均匀的，但实际情况是混合层不同深度O_2含量有所不同，而在实际走航测定过程中，一般根据船的载重不同，采集5～10 m的水样，这部分引入的误差，目前还没有人开展相关研究。

（3）O_2/Ar比值法连续走航测定NCP相比采集离散样品而言在时空分辨率上大大提高，但相对卫星遥感，其覆盖面积有限，可针对O_2/Ar比值法测定NCP与卫星遥感或数值模拟开展广泛对比，寻求之间的联系，如此，可在全球范围内估算海洋NCP。

（4）国际上已获得部分大洋混合层中NCP的高分辨率时空分布，但是对影响其分布的生物、化学和物理因素还缺乏深入的了解，调查区域主要集中在南大洋和赤道太平洋等，研究海域覆盖范围较小、调查航次季节分布不均匀，还难以绘制全球群落净生产力分布图，国内相关研究还刚刚起步，因此在今后研究中，必须获取更大范围、不同季节、不同区域的群落净生产力分布。

参考文献

［1］ Lee H and Romero J. AR6 Synthesis Report: Climate Change 2023［M］. Geneva, Switzerland: IPCC, 2023: 35−115.

［2］ Guéguen C, Tortell P D. High-resolution measurement of Southern Ocean CO_2 and O_2/Ar by membrane inlet mass spectrometry［J］. Marin Chemistry, 2008, 108 (3−4) : 184−194.

［3］ Lockwood D, Quay P D, Kavanaugh M T, et al. High-resolution estimates of net community production and air-sea CO_2 flux in the northeast Pacific［J］. Global Biogeochemical Cycles (2012), doi:10.1029/2012GB004380.

［4］ Horstkotte B, Alonso J C, Manuel Miró, et al. A multisyringe flow injection Winkler-based spectrophotometric analyzer for in-line monitoring of dissolved oxygen in seawater［J］. Talanta, 2010, 80 (3) : 1341−1346.

［5］ Williams PJ le B. Chemical and tracer methods of measuring plankton production［J］. ICES Marine Science Symposium, 1993, 197: 20−36.

［6］ Sarmiento J L, Hughes T M C, Stouffer R J, et al. Simulated response of the ocean carbon cycle to anthropogenic climate warming［J］. Nature, 1998, 393: 245−249.

［7］ Jonsson B F, Doney S C, Dunne J, et al. Evaluation of the Southern Ocean O_2/Ar-based NCP estimates in a model framework［J］. Journal of Geophysical Research: Biogeosciences, 2013, 118 (2): 385−399.

［8］ Takahashi T, Sutherland S C, Wanninkhof R, et al. Climatological mean and decadal change in surface ocean pCO_2, and net sea-air CO_2 flux over the global oceans［J］. Deep-Sea Research II, 2009, 56 (8−10) : 554−577.

［9］ 马豪. 南大洋与南海颗粒物运移与输出的同位素示踪研究［D］. 北京：清华大学, 2009.

［10］ Schlitzer R. Export production in the equatorial and north Pacific derived from dissolved oxygen, nutrient and carbon data［J］. Journal Of Oceanography, 2004, 60 (1): 53−62.

［11］ Steinberg D K, Carlson C A, Bates N R, et al. Zooplankton vertical migration and the active transport of dissolved organic and inorganic carbon in the Sargasso Sea［J］. Deep−Sea Research I, 2000， 47 (1) : 137−158.

［12］ Jonsson B F, Salisbury J E, Mahadevan A. Large variability in continental shelf production of phytoplankton carbon revealed by satellite［J］. Biogeosciences, 2011, 8 (5):1213–1223.

［13］ Bender M L, Dickson M-L, Orchardo J. Net and gross production in the Ross Sea as determined by incubation experiments and dissolved O_2 studies［J］. Deep-Sea Research II, 2000, 47:3141–3158.

［14］ Serret P, Fernandez E, Sostres J A, et al. Seasonal compensation of microbial production in a temperate sea［J］. Marine Ecology Progress Series, 1999, 187: 43–57.

［15］ Lefevre D, Minas H J, Minas M, et al. Review of gross community production, primary production, net community production and dark community respiration in the Gulf of Lions［J］. Deep-Sea Research II, Science, 1997, 44 (3–4): 801–832.

［16］ Robinson C, Williams P J L B. Plankton net community production and dark respiration in the Arabian Sea during September 1994［J］. Deep-Sea Research II, 1999, 46: 745–765.

［17］ González N, Anadón R, Marañón E. Large-scale variability of planktonic net community metabolism in the Atlantic Ocean: importance of temporal changes in oligotrophic subtropical waters［J］. Marine Ecology Progress Series, 2002, 233: 21–30.

［18］ 王娜，林伟，陈炳章，等. 南海北部及台湾海峡夏季自养与异养区域的分布［J］. 热带海洋学报，2014，33（4）：61–68.

［19］ Codispoti L A, Friederich G E, Hood D W. Variability in the inorganic carbon system over the southeastern Bering Sea shelf during spring 1980 and spring-summer 1981［J］. Continental Shelf Research, 1986, 5 (1–2) : 133–160.

［20］ Codispoti L A, Friederich G E, Iverson R L, et al. Temporal changes in the inorganic carbon system of the southeastern Bering Sea during spring 1980［J］. Nature, 1982, 296 (5854): 242–245.

［21］ Karl D M, Tilbrook B D, Tien G. Seasonal coupling of organic matter production and particle flux in the western Brans field Strait, Antarctica［J］. Deep-Sea Research, Part A, 1991, 38: 1097–1126.

［22］ Yager P L, Wallace D W R, Johnson K M, et al. The Northeast Water Polynya as an atmospheric CO_2 sink: A seasonal rectification hypothesis［J］. Journal Of Geophysical Research, 1995, 100: 4389–4398.

［23］ Bates N R, Hansell D A, Carlson C A, et al. Distribution of CO_2 species, estimates of net community production, and air-sea CO_2 exchange in the Ross Sea polynya [J] . Journal of Geophysical Research-Ocean, 1998, 103 (C2) : 2883−2896.

[24] Bates N R. Air-sea CO_2 fluxes and the continental shelf pump of carbon in the Chukchi Sea adjacent to the Arctic Ocean [J] . Journal of Geophysical Research, doi:10.1029/2005JC003083.

[25] Lee K. Global net community production estimated from the annual cycle of surface water total dissolved inorganic carbon [J] . Limnology and Oceanography, 2001, 46 (6) : 1287−1297.

[26] Lee K, Karl D M, Wanninkhof R, et al. Global estimates of net carbon production in the nitrate-depleted tropical and subtropical oceans [J] . Geophysical Research Letters, 2002, 29 (19):13−1−13−4.

[27] Mathis J T, Bates N R, Hansell D A, et al. Net community production in the northeastern Chukchi Sea [J] . Deep-Sea Research II, 2009, 56 (17) : 1213−1222.

[28] Bates N R, Best M H P, Hansell D A. Spatio-temporal distribution of dissolved inorganic carbon and net community production in the Chukchi and Beaufort Seas [J] . Deep-Sea Research II, 2005, 52 (24−26): 3303−3323.

[29] Mathis J T, Cross J N, Bates N R, et al. Seasonal distribution of dissolved inorganic carbon and net community production on the Bering Sea shelf [J] . Biogeosciences, 2010, 7 (1): 1769−1787.

[30] Mathis J T, Hansell D A, Kadko D, et al. Determining net dissolved organic carbon production in the hydrographically complex western Arctic Ocean [J] . Limnology and Oceanography, 2007, 52 (5): 1789−1799.

[31] 陈蔚芳. 南海北部颗粒有机碳输出通量、季节变化及其调控过程 [D] . 厦门：厦门大学，2008.

[32] Costin J M. Visual observations of suspended-Particle distribution at three sites in the Caribbean Sea [J] . Journal of Geophysical Research, 1970, 75 (21):4144−4150.

[33] Eisma D, Schuhmacher T, Boekel H, et al. A camera and image-analysis system for in Situ observation of floes in natural waters [J] . Netherlands Jounal of Sea Research, 2001, 27(1):

[34] Agrwal Y C, Pottsmith H C. Optimizing the kemel for laser diffraction particle sizing [J] . Applied Opties, 1993, 32: 4285−4286.

[35] Agrwal Y C, Pottsmith H C. Laser diffraction and particle sizing in STRESS [J] .

Continental Shelf Research, 1994, 14 (10−11): 1101−1121.

［36］ Bishop J K B, Edmond J M, Ketten D R, et al. The chemistry, biology, and vertical flux of particulate matter from the upper 400 m of the equatorial Atlantic Ocean［J］. Deep-Sea Research7, 1977, 24 (6) : 511−520.

［37］ Lee C, Wakeham S G, Hedges J I. The measurement of oceanic particle flux−are “swimmers” a problem?［J］. Oceanography, 1988, 1 (2): 34−36.

［38］ Knauer G A, Redalje D G, Harrison W G, et al. New production at the VERTEX time-series site［J］. Deep Sea Research Part A. Oceanographic Research Papers, 1990, 37 (7) : 1121−1134.

［39］ Gardner W D. Field assessment of sediment traps［J］. Journal of Marine Research, 1980, 38 (1) : 41−52.

［40］ Buesseler K O, Antia A N, Chen M, et al. An assessment of the use of sediment traps for estimating upper ocean particle fluxes［J］. Journal of Marine Research, 2007, 65: 345−416.

［41］ Buesseler K O. Do upper-ocean sediment traps provide an accurate record of particle flux?［J］. Nature, 1991, 353 (6343): 420−423.

［42］ Buesseler K O, Steinberg D K, Miehaels A F, et al. A comparison of the quantity and quality of material caught in a neutrally buoyant versus surface-tethered sediment trap［J］. Deep-Sea Research I, 2000, 47 (2): 277−294.

［43］ Ku T L, Knauss K G, Mathieu G G. Uranium in open ocean: Concentration and isotopic composition［J］. Deep-Sea Research, 1977, 24: 1005−1017.

［44］ 陈敏，黄奕普，陈飞舟，等. 真光层的颗粒动力学VI. 南海东北部海域上层水体颗粒动力学的示踪研究［J］. 热带海洋，1997，16 (2)：91−103.

［45］ 尹明端，马豪，何建华，等. 南沙海域基于$^{234}Th/^{238}U$不平衡的颗粒态有机碳输出通量研究［J］. 热带海洋学报，2008，27（2）：64−68.

［46］ Hansell D A, Carlson C A. Net community production of dissolved organic carbon［J］. Global Biogeochemical Cycles, 1998, 12 (3) : 443−453.

［47］ Hung J J, Wang S M, Chen Y L. Biogeochemical controls on distributions and fluxes of dissolved and particulate organic carbon in the Northern South China Sea［J］. Deep-Sea Research 11, 2007, 54 (14−15) : 1486−1503.

［48］ Reuer M K, Barnett B A, Bender M L, et al. New estimates of Southern Ocean biological production rates from O_2/Ar rations and the triple isotope composition of O_2［J］.

Deep-Sea Research I, 2007, 54 (6): 951−974.

[49] Craig H, Hayward T. Oxygen supersaturation in the ocean-biological versus physical contributions [J] . Science, 1987, 235 (4785) : 199−202.

[50] Kana T M, Darkangelo C, Hunt M D, et al. Membrane inlet mass spectrometer for rapid and high−precision determination of N_2, O_2 and Ar in environmental water samples [J] . Analytical Chemistry, 1994, 66 (23): 4166−4170.

[51] Tortell P D. Dissolved gas measurements in oceanic waters made by membrane inlet mass spectrometry [J] . Limnology and Oceanography-Methods, 2005, 3: 24−37.

[52] Garcı′ a H E, Gordon L I. Oxygen solubility in seawater: Better fitting equations [J] . Limnology and Oceanography, 1992, 37 (6): 1307−1312.

[53] Hamme R C, Emerson S R. The solubility of neon, nitrogen and argon in distilled water and seawater [J] . Deep-Sea Research I, 2004, 51 (11): 1517−1528.

[54] Kaiser J, Reuer M K, Barnett B, et al. Marine productivity estimates from continuous O_2/Ar ratio measurements by membrane inlet mass spectrometry [J] . Geophysical Research Letters, 2005, 321(19). doi:10.1029/2005GL023459.

[55] Cassar N, Barnett B, Bender M L, et al. Continuous high-frequency dissolved O_2/Ar measurements by Equilibrator Inlet Mass Spectrometry (EIMS) [J] . Analytical Chemistry, 2009, 81 (5) : 1855−1864.

[56] Cassar N, DiFiore P, Barnett B A, et al. The influence of iron and light availability on net community production in the subantarctic and polar frontal zones [J] . Biogeosciences, 2011, 8 (2): 227−237.

[57] Laws E A. Photosynthetic quotients, new production and net community production in the open ocean [J] . Deep Sea Research I, 1991, 38 (1) : 143−167.

[58] Emerson S. Annual net community production and the biological carbon flux in the ocean [J] . Global Biogeochemical Cycles, 2014, 28: 14−28.

[59] Spitzer W S, Jenkins W J. Raters of vertical mixing, gas exchange and new production: estimates from seasonal gas cycles in the upper ocean near Bermuda [J] . Journal of Marine Research, 1989, 47: 169−196.

[60] Emerson S. Seasonal oxygen cycles and biological new production in surface waters of the subarctic Pacific Ocean [J] . Journal of Geophysical Research, 1987, 92 (C6) :6535−6544.

[61] Emerson S, Quay P D, Stump C, et al. O_2, Ar, N_2 and ^{222}Rn in surface waters of the

Subarctic Ocean: net biological O_2 production [J] . Global Biogeochemical Cycles, 1991, 5: 49−69.

[62] Liss P S, Merlivat L. Air-sea gas exchange rates: Introduction and synthesis. In: Buat−Menard P (ed) The role of air-sea exchange in geochemical cycling [M] . Dordrecht, Holland: D. Reidel Publishing Company, 1986: 113−129.

[63] Laws E A, Sakshaug E, Babin M, et al. Photosynthesis and primary productivity in marine ecosystems: practical aspects and application of techniques [M] . Bergen: SCOR special publication, 2002.

[64] Bender M L, Orchardo J, Dickson M-L, et al. In vitro O_2 fluxes compared with ^{14}C production and other rate terms during the JGOFS Equatorial Pacific experiment [J] . Deep−Sea Research I, 1999, 46 (4): 637−654.

[65] Mathis J T, Cross J N, Bates N R. Coupling primary production and terrestrial runoff to ocean acidification and carbonate mineral suppression in the eastern Bering Sea [J] . Journal of Geophysical Research, 2011. doi:10.1029/2010JC006453.

[66] Cross J N, Mathis J T, Bates N R. Hydrographic controls on net community production and total organic carbon distributions in the eastern Bering Sea [J] . Deep-Sea Research II, 2012, (65−70) : 98−109.

[67] Juranek L W, Quay P D. In vitro and in situ gross primary and net community production in the North Pacific Subtropical Gyre using labeled and natural abundance isotopes of dissolved O_2 [J] . Global Biogeochemical Cycles, 2005,19, GB3009. doi:10.1029/2004GB002384.

[68] 陈建芳，郑连福，Wiesner M G，等. 基于沉积物捕获器的南海表层初级生产力及输出生产力估算 [J] . 科学通报，1998，43（6）：1−4.

[69] 陈敏，黄奕普，邱雨生. 厦门湾水体中颗粒有机碳的垂向输出通量：$^{234}Th/^{238}U$不平衡的应用 [J] . 海洋学报，2002，24（2）：66−76.

[70] 何建华，马豪，陈立奇，等. 南大洋普里兹湾基于$^{234}Th/^{238}U$不平衡法的POC输出通量研究 [J] . 海洋学报，2007，29（4）：69−76.

[71] Chen W F, Cai P H, Dai M H, et al. $^{234}Th/^{238}U$ disequilibrium and particulate organic carbon export in the northern South China Sea [J] . Journal of Oceanography, 2008, 64: 417−428.

[72] Ma H, Zeng Z, He J H, et al. Vertical flux of particulate organic carbon in the central South China Sea estimated from $^{234}Th/^{238}U$ disequilibria [J] . Chinese Journal of Oceanology and Limnology, 2008, 26 (004): 480−485.

［73］ Ma H, Zeng Z, Yu W, et al. $^{234}Th/^{238}U$ disequilibrium and particulate organic carbon export in the northwestern South China Sea $^{234}Th/^{238}U$［J］. Acta Oceanologica Sinica, 2011, 30 (3) : 55–62.

［74］ 毕倩倩. 长江口及邻近海域$^{234}Th/^{238}U$和$^{210}Po/^{210}Pb$不平衡特征及其示踪颗粒有机碳输出［D］. 上海：华东师范大学，2013.

［75］ Chou W C, Chen Y-L L, Sheu D D, et al. Estimated net community production during the summertime at the SEATS time-series study site, northern South China Sea: Implications for nitrogen fixation［J］. Geophysical Research Letters, 2006, 33, L22610, doi:10.1029/2005GL025365.

［76］ Williams P J L B, Morris P J, Karl D M. Net community production and metabolic balance at the oligotrophic ocean site, station ALOHA［J］. Deep-Sea Research I, 2004, 51: 1563–1578.

［77］ Midorikawa T, Ogawa K, Nemoto K, et al. Interannual variations of net community production and air-sea CO_2 flux from winter to spring in the western subarctic North Pacific［J］. Tellus B, 2003, 55 (2) : 466–477.

［78］ Claustre H, Huot Y, ernosterer I Ob, et al. Gross community production and metabolic balance in the South Pacific Gyre, using a non intrusive bio-optical method［J］. Biogeosciences, European Geosciences Union, 2008, 5 (2) : 463–474.

［79］ Stanley R H R, Kirkpatrick J B, Cassar N, et al. Net community production and gross primary production rates in the Western Equatorial Pacific［J］. Global Biogeochemical Cycles, 2010, 24(4), GB4001, doi:10.1029/2009GB003651.

［80］ Huang K, Ducklow H, Vernet M, et al. Export production and its regulating factors in the West Antarctica Peninsula region of the Southern Ocean［J］. Global Biogeochemical Cycles, 2012, 26(2), doi:10.1029/2010GB004028.

［81］ Palevsky H I, Ribalet F, Swalwell J E, et al. The influence of net community production and phytoplankton community structure on CO_2 uptake in the Gulf of Alaska［J］. Global Biogeochemical Cycles, 2013, 27:664–676.

［82］ Hahm D, Rhee T S, Kim H-C, et al. Spatial and temporal variation of net community production and its regulating factors in the Amundsen Sea, Antarctica［J］. Journal of Geophysical Research-Oceans, 2014, 119: 2815–2826.

［83］ García-Martín E E, McNeill S, Serret P, et al. Plankton metabolism and bacterial growth efficiency in offshore waters along a latitudinal transect between the UK and Svalbard

[J] . Deep-Sea Research I, 2014, 192: 141−151.

[84] Chen Y L. Spatial and seasonal variations of nitrate-based new production and primary production in the South China Sea [J] . Deep Sea Research I: Oceanographic Research Papers, 2005, 52 (2) : 319−340.

[85] Gamo T, Horibe Y. Precise determination of dissolved gases in sea water by shipboard gas chromatography [J] . Bulletin of the Chemical Society of Japan, 1980, 53 (10): 2839−2842.

[86] Tanaka S S, Watanabe Y W. A high accuracy method for determining nitrogen, argon and oxygen in seawater [J] . Marine Chemistry, 2007, 106 (3−4): 516−529.

[87] Hendricks M B, Bender M L, Barnett B A. Net and gross O_2 production in the southern ocean from measurements of biological O_2 saturation and its triple isotope composition [J] . Deep-Sea Research I, 2004, 51 (11): 1541−1561.

[88] Kana T M, Sullivan M B, Cornwell J C, et al. Denitrification in estuarine sediments determined by membrane inlet mass spectrometry [J] . Limnology and Oceanography, 1998, 43 (2): 334−339.

[89] Hartnett H E, Seitzinger S P. High-resolution nitrogen gas profiles in sediment porewaters using a new membrane probe for membrane−inlet mass spectrometry [J] . Marin Chemistry, 2003, 83 (1−2): 23−30.

[90] Nemcek N, Ianson D, Tortel P D. A high-resolution survey of DMS, CO_2, and O_2/Ar distributions in productive coastal waters [J] . Global Biogeochemical Cycles, 2008, 22(2) , doi:10.1029/2006GB002879.

[91] Tortell P D, Long M C. Spatial and temporal variability of biogenic gases during the Southern Ocean spring bloom [J] . Geophysical Research Letters, doi:10.1029/2008GL035819.

[92] Tortell P D, Long M C, Payne C D, et al. Spatial distribution of pCO_2, ΔO_2/Ar and dimethylsulfide (DMS) in polynya waters and the sea ice zone of the Amundsen Sea, Antarctica [J] . Deep-Sea Research II, 2012, (71−76) : 77−93.

[93] Tortell P D, Guéguen C, Long M C, et al. Spatial variability and temporal dynamics of surface water pCO_2, O_2/Ar and dimethylsulfide in the Ross Sea, Antarctica [J] . Deep Sea Research I: Oceanographic Research Papers, 2011, 58 (3) : 241−259.

[94] Castro-Morales K, Cassar N , Kaiser J. Biological production in the Bellingshausen Sea from oxygen-to-argon ratios and oxygen triple isotopes [J] . Biogeosciences Discuss, 2012, 9 (11): 16033−16085.

［95］ Tortell P D, Asher E C, Ducklow H W, et al. Metabolic balance of coastal Antarctic waters revealed by autonomous pCO_2 and $\Delta O_2/Ar$ measurements［J］. Geophysical Research Letters, 2014, 41 (19): 6803−6810.

［96］ Ulfsbo A, Cassar N, Korhonen M, et al. Late summer net community production in the central Arctic Ocean using multiple approaches［J］. Global Biogeochem Cycles, 2014, 28: 1129−1148.

［97］ 陈能汪，吴杰忠，段恒轶，等. N_2：Ar法直接测定水体反硝化产物溶解环N_2［J］. 环境科学学报，2010，30（12）：2479−2483.

［98］ 张波，杜应旸，陈宇炜，等. 太湖流域典型河流沉积物的反硝化作用［J］. 环境科学学报，2012，32（8）：1866−1873.

［99］ Yan W J, Yang L B, Wang F, et al. Riverine N_2O concentrations, exports to estuary and emissions to atmosphere from the Changjiang River in response to increasing nitrogen loads［J］. Global Biogeochemical Cycles, 2012, 26, GB4006, doi:10.1029/2010GB003984.

［100］ Wu J Z, Chen N W, Hong H S, et al. Direct measurement of dissolved N_2 and denitrification along a subtropical river−estuary gradient, China［J］. Marine Pollution Bulletin, 2013, 66 (1−2): 125−134.

［101］ Cassar N, Nevison C D, Manizza M. Correcting oceanic O_2/Ar-net community production estimates for vertical mixing using N_2O observations［J］. Geophysical Research Letters, 2014, 41 (24): 8961−8970.

［102］ Wanninkhof R. Relationship between wind speed and gas exchange over the ocean［J］. Journal of Geophysical Research: Oceans (1978–2012), 1992, 97 (C5) : 7373−7382.

［103］ Castro-Morales K, Cassar N, Shoosmith D R, et al. Biological production in the Bellingshausen Sea from oxygen-to-argon ratios and oxygen triple isotopes［J］. Biogeosciences, 2013, 10 (4) : 2273−2291.

［104］ Giesbrecht K E, Hamme R C, Emerson S R. Biological productivity along Line P in the subarctic northeast Pacific: In situ versus incubation-based methods［J］. Global Biogeochemical Cycles, doi:10.1029/2012GB004349.

［105］ Weeding B, Trull T W. Hourly oxygen and total gas tension measurements at the Southern Ocean Time Series site reveal winter ventilation and spring net community production［J］. Journal of Geophysical Research: Oceans, 2014, 119 (1) : 348−358.

［106］ Bender M L, Kinter S, Cassar N, et al. Evaluating gas exchange parameterizations using upper ocean radon distributions [J] . Journal of Geophysical Research, 2011, 116(C2), doi:10.1029/2009JC005805.

[107] Rutgers van der Loeff M M, Cassar N, Nicolaus M, et al. The influence of sea ice cover on air-sea gas exchange estimated with radon-222 profiles [J] . Journal of Geophysical Research: Oceans, 2014, 119 (5) : 2735−2751.

[108] Gong G C, Shiah F K, Liu K K, et al. Spatial and temporal variation of chlorophyll a, primary productivity and chemical hydrography in the southern East China Sea [J] . Continental Shelf Research, 2000, 20 (4) : 411−436.

[109] Bastidas-Oyanedel J R, Mohd-Zaki Z, Pratt S, et al. Development of membrane inlet mass spectrometry for examination of fermentation processes [J] . Talanta, 2010, 83 (2) : 482−492.

[110] Hansen H F. Determination of oxygen, in: Methods of seawater analysis [M] . Grasshoff K, Kremling K and Ehrhardt M, eds. Wainheins, Germany:VCH Publishers, 1999:75−89.

[111] Tortell P D, Rau G H, Morel F M M. Inorganic carbon acquisition in coastal Pacific phytoplankton communities [J] . Limnology and Oceanography, 2000, 45 (7): 1485−1500.

[112] Gattuso J P, Frankignoulle M, Wollast R. Carbon and carbonate metabolism in coastal aquatic ecosystems [J] . Annual Review of Ecology and Systematics, 1998, 29: 405−434.

[113] 孙湘平. 中国近海区域海洋 [M] . 北京：海洋出版社，2006.

[114] Liu S M, Zhang J, Chen S Z, et al. Inventory of nutrient compounds in the Yellow Sea [J] . Continental Shelf Research, 2003, 23 (2) : 1161−1174.

[115] Zhang J, Su J L. Nutrient dynamics of the China Seas: the Bohai Sea, Yellow Sea, East China Sea and South China Sea [M] . Robinson A, Brink K. USA: The Sea, Press of Harvard University, 2006: 14.

[116] 冯士筰，李凤岐，李少菁. 海洋科学导论 [M] . 北京，高等教育出版社，1999，434−501.

[117] 李凤岐，苏育嵩. 海洋水团分析 [M] . 青岛：青岛海洋出版社；2000.

[118] 赵保仁. 长江冲淡水的转向机制问题 [J] . 海洋学报，1991，13（5）：600−610.

[119] 国家海洋局. GB1737821998，海洋监测规范 [S] . 北京：中国标准出版

社，1999.

［120］林志裕，童金炉，陈敏，等. 东海初级生产力的分布及其变化［J］. 同位素，2011，24（B12）：95−101.

［121］Laws E A, Falkowski P G, Smith Jr W O, et al. Temperature effects on export production in the open ocean［J］. Global Biogeochemical Cycles, 2000, 14 (4): 1231−1246.

［122］Brix H, Gruber N, Karl D M, et al. On the relationships between primary, net community, and export production in subtropical gyres［J］. Deep-Sea Research II: Topical Studies in Oceanography, 2006, 53 (5) : 698−717.

［123］朱明远，毛兴华，吕瑞华，等. 黄海海区的叶绿素a和初级生产力［J］. 黄渤海海洋，11（3）：38−51.

［124］周伟华，袁翔城，霍文毅，等. 长江口邻域叶绿素a和初级生产力的分布［J］. 海洋学报，2004，26（3）：143−150.

［125］傅明珠，王宗灵，孙萍，等. 南黄海浮游植物初级生产力粒级结构与碳流途径分析［J］. 海洋学报，2009（6）：100−109.

［126］张岩松，章飞军，郭学武，等. 黄海夏季水域沉降颗粒物垂直通量的研究［J］. 海洋与湖沼，2004，35（3）：230−238.

［127］杨曦光. 黄海叶绿素及初级生产力的遥感估算［D］. 北京：中国科学院研究生院（海洋研究所），2013.

［128］张江涛，殷克东. 黄海春季表层叶绿素和初级生产力及其粒径结构研究［J］. 生态环境学报，2010，19（9）：2107−2111.

［129］高爽. 北黄海叶绿素和初级生产力的时空变化特征及其影响因素［D］. 青岛：中国海洋大学，2009.

［130］Gong G C, Wen Y H, Wang B W, et al. Seasonal variation of chlorophyll a concentration, primary production and environmental conditions in the subtropical East China Sea［J］. Deep Sea Research II: Topical Studies in Oceanography, 2003, 50 (6) : 1219−1236.

［131］Chen Y L, Hu D X, Wang F. Long-term variabilities of thermodynamic structure of the East China Sea cold eddy in summer［J］. Chinese Journal of Oceanology and Limnology, 2004, 22: 224−230.

［132］de Boyer Montégut C, Madec G, Fischer A S, et al. Mixed layer depth over the global ocean: An examination of profile data and a profile−based climatology［J］. Journal of Geophysical Research, 2004, 109(C12), doi:10.1029/2004JC002378.

［133］杨海军，刘秦玉. 南海海洋环流研究综述［J］. 地球科学进展，1998，13

(4)：364–368.

［134］ 李立. 南海上层环流观测研究进展［J］. 台湾海峡，2002，21 (1)：114–125.

［135］ 阎俊岳，陈乾金，张秀芝，等. 中国近海气候［M］. 北京：科学出版社，1993：317–321.

［136］ 兰健，鲍颖，于非，等. 南海深水海盆环流和温跃层深度的季节变化［J］. 海洋科学进展，2006，24（4）：436–445.

［137］ 王东晓，杜岩，施平. 南海上层物理海洋学气候图集［M］. 北京：气象出版社，2002.

［138］ 陈镇东. 南海海洋学［M］. 台北：渤海堂文化公司发行，2001：45–77.

［139］ 苏纪兰. 南海环流动力机制研究综述［J］. 海洋学报，2005，27（6）：1–8.

［140］ Hwang C W, Chen S A. Circulations and eddies over the South China Sea derived from TOPEX/Poseidonaltimetry［J］. Journal of Geophysical Research, 2000, 105 (C10): 23943–23965.

［141］ 方文东，郭忠信，黄羽庭. 南海南部海区的环流观测研究［J］. 科学通报，1997，42（21）：2264–2271.

［142］ Hu Z F, Tan Y H, Song X Y, et al. Influence of mesoscale eddies on primary production in the South China Sea during spring inter-monsoon period［J］. Acta Oceanologica Sinica, 2014, 33 (3) : 118–128.

［143］ Chen Y Q, Tang D L. Eddy-feature phytoplankton bloom induced by a tropical cyclone in the South China Sea［J］. International Journal of Remote Sensing, 2012, 33 (23) : 7444–7457.

［144］ Ning X, Chai F, Xue H, et al. Physical-biological oceanographic coupling influencing phytoplankton and primary production in the South China Sea［J］. Journal of Geophysical Research, 2004, 109(C10005), doi:10.1029/2004JC002365.

［145］ Pan X J, Wong G T F, Shiah F K, et a1. Enhancement of biological productivity by internal waves: observations in the summertime in the northern South China Sea［J］. Journal of Oceanography, 2012, 68 (31) : 427–437.

［146］ Zheng G M, Tang D L. Offshore and nearshore chlorophyll increases induced by typhoon winds and subsequent terrestrial rainwater runoff［J］. Marine Ecology: Progress Series, 2007, 333 (3): 61–74.

［147］王爱梅，杜岩，庄伟，等. 南海北部次表层高盐水的季节变化及其与西北太平洋环流的关系［J］. 热带海洋学报，2014，33（6）：1–8.

［148］Liu K K, Chao S Y, Shaw P T, et al. Monsoon-forced chlorophyll distribution and primary production in the South China Sea: observations and a numerical study［J］. Deep-Sea Research I: Oceanographic Research Papers, 2002, 49 (8) : 1387–1412.

［149］Chen Y L, Chen H Y. Seasonal dynamics of primary and new production in the northern South China Sea: The significance of river discharge and nutrient advection［J］. Deep Sea Research Part I: Oceanographic Research Papers, 2006, 53 (6) : 971–986.

［150］Chen F Z, Cai W J, Wang Y C, et al. The carbon dioxide system and net community production within a cyclonic eddy in the lee of Hawaii［J］. Deep-Sea Research 11, 2008, 55 (10–13) : 1412–1425.

［151］Cai P H, Huang Y P, Chen M, et al. New production based on Ra-228-derived nutrient budgets and thorium-estimated POC export at the intercalibration station in the South China Sea［J］. Deep-Sea Research I, 2002, 49 (1): 53–66.